KB247268

CONTENTS

실물크기 식품사진을 활용한
우리아이 영양체크

우리아이
무엇을
얼마나
먹일까?

최혜미·이상일·변기원·한영신·정상진 **지음**

제작에 참여한 사람들

최혜미 서울대학교 식품영양학과 교수(이학박사)

이상일 성균관대학교 의과대학 · 삼성서울병원 소아과 교수(의학박사)

변기원 부천대학 식품영양과 교수(이학박사)

한영신 성균관대학교 의과대학 연구교수(이학박사)

정상진 성균관대학교 의과대학 연구교수(이학박사)

사진 이규철 스튜디오아자   **TEL** 3143-4067

실물크기 식품사진은 무엇이고 왜 개발되었나요?

실물크기 식품사진은
0~6세 된 영유아의 식품 섭취 상태를
영양적으로 평가 또는 계획하기 위한
도구로 제작되었습니다.

실물크기 식품사진의 특징

— 실물크기의 사진이다.

— 영유아들이 흔히 섭취하거나 권장되는 식품을 선정하였다.

— 영유아가 먹는 양과 비교하기 쉽도록 소량씩 제작하였다.

— 각 식품은 식생활과 영양소를 쉽게 연결할 수 있는 식품군에 따라 분류하였다.

— 섭취한 식품내 열량, 영양소(단백질, 당질, 지방) 함량을 쉽게 측정할 수 있는
  식품교환단위를 사용하였다.

— 영양평가나 계획을 위한 영양정보를 포함하였다.

— 아기들이 손에 쥐고 스스로 음식을 먹도록 유도하고 편식도 예방할 수 있도록
  핑거푸드(finger food)의 개념을 도입하여 '스스로 식품' 이라고 명명하였다.

1. 실물크기 사진

실물크기 식품사진은 특정 각도에서 살펴본 실물크기의 식품모형이다. 2차원적인 사진의 한계를 극복하기 위해 입체적 느낌을 최대한 살릴 수 있는 각도에서 촬영되었다.

2. 흔히 섭취하는 식품

국민영양조사와 서울과 경기지역에 거주하는 영유아를 대상으로 식품섭취조사를 시행한 결과를 토대로 흔히 섭취하는 식품을 선정하였다. 단일식품과 혼합된 식품을 포함하여 150가지의 실물크기 식품사진이 제시되었다.

3. 소량씩 제작

실물크기 식품사진은 영유아의 1회 식품섭취량이 성인에 비해 적을 것을 고려하여 소량씩 제작하여 영유아가 섭취하는 양을 사진과 쉽게 비교할 수 있도록 하였다. 0~6세의 넓은 연령 범위를 대상으로 하고 있어 개인별 1회 분량을 설정하기 어려우므로 주로 단일 식품은 1/2교환 혹은 1/4교환 단위를 기준으로 하고, 국이나 죽의 경우 100ml를 기준으로, 기타 혼합 식품의 경우 성인 1회 분량의 1/2 혹은 1/4을 기준으로 제시하였다.

4. 식품군

각 식품을 식품구성탑(또는 식품교환표)에 기준하여 여섯 가지 식품군으로 분류하고 각 식품군을 다른 색깔로 표시하였다. 혼합 식품의 경우 주요 재료를 기준으로 식품군을 분류하였으며 각각의 식품군이 얼마나 포함되어 있는가를 제시하였다.

식품군이란?

식품마다 다양한 영양소를 가지고 있으나, 영양소를 공급하는 측면에서 중요한 위치를 차지하는 영양소가 있다. 주요 영양소를 공급하는 기준을 적용하여 식품을 분류한 것이 식품군의 개념이다.

식품구성탑이란?

식품구성탑은 5층탑으로 식품군 간에 양적인 비교 개념을 넣은 것이다. 양적으로 많은 양을 섭취해야 하는 식품군이 바닥에 위치하고 있으며 위로 올라갈수록 섭취량이 상대적으로 적어진다.

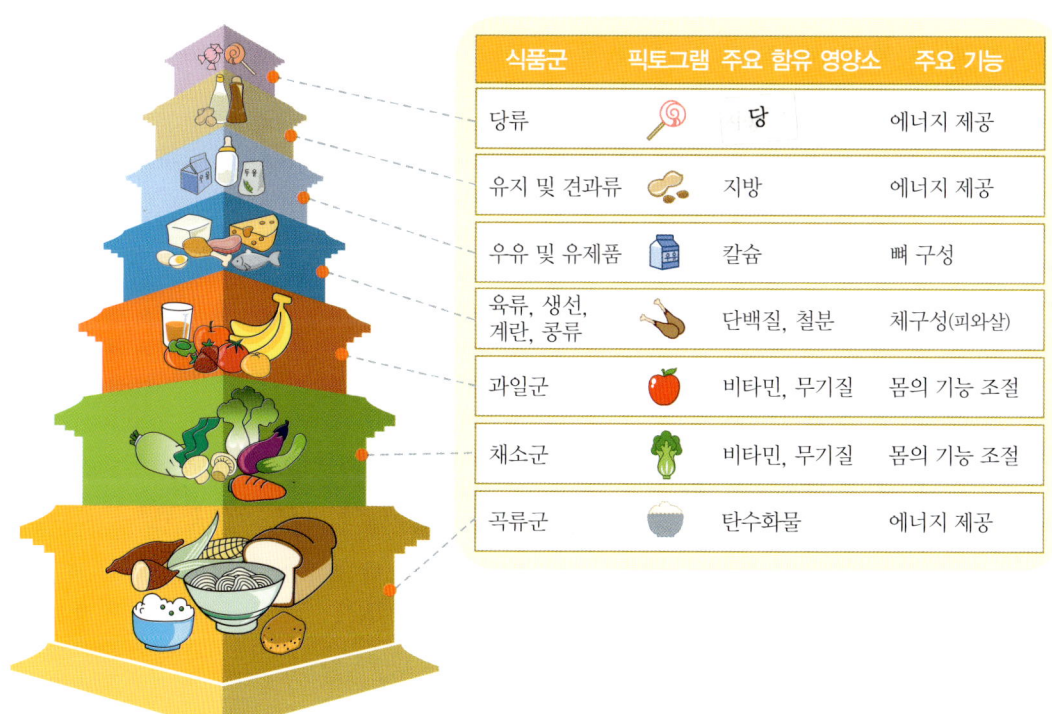

식품군	픽토그램	주요 함유 영양소	주요 기능
당류		당	에너지 제공
유지 및 견과류		지방	에너지 제공
우유 및 유제품		칼슘	뼈 구성
육류, 생선, 계란, 콩류		단백질, 철분	체구성(피와살)
과일군		비타민, 무기질	몸의 기능 조절
채소군		비타민, 무기질	몸의 기능 조절
곡류군		탄수화물	에너지 제공

식품교환의 이해

5. 실물크기 식품사진은 저울이나 식품의 영양분석 자료 없이 식품의 양과 영양 성분에 대한 정보를 알 수 있는 식품교환 개념을 사용하였다. 각각의 사진에 는 식품군별 분류와 함께 포함되어 있는 식품의 교환량이 제시되어 있다.

| 식품교환이란

무게를 기준으로 kg, 길이를 기준으로 m 단위를 쓰는 것처럼 식품교환은 식품군별로 같은 영양가를 낼 수 있는 영양소를 기준으로 식품의 양 정해 교환이라는 단위를 사용하 여 제시한 것이다. 식품의 양을 g수로 측정하는 것은 매우 힘든 일이며 무게를 측정하였더 라도 실제 얼마만큼의 영양소를 포함하고 있는가를 아는 것은 더 욱 어려운 일이다. 그러나 식품교환을 이용하면 눈대중으로 식품의 양을 어림잡을 수 있으며 또한 열량, 단백질, 탄수화물, 지방에 대해서는 다른 자료 없이 영양가 를 계산해낼 수 있다.

곡류군의
1교환은 열량 100kcal
를 내는 곡류식품의 양을
말합니다.

| 밥 1/3공기
(70g) | = | 삶은국수
1/2공기
(90g) | = | 옥수수
(50g) | = | 고구마
(100g) | = | 식빵 1쪽
(35g) | = | 감자 1개
(130g) |

어육류군 1교환은 **단백질** 8g에 해당되는 단백질 식품의 양을 말하며 기름 함유에 따라 열량에 차이가 납니다.

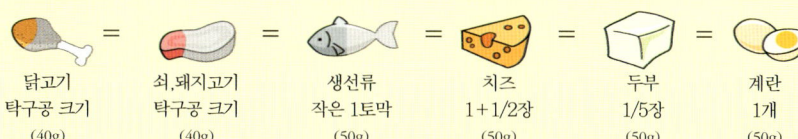

| 닭고기
탁구공 크기
(40g) | = | 쇠,돼지고기
탁구공 크기
(40g) | = | 생선류
작은 1토막
(50g) | = | 치즈
1+1/2장
(50g) | = | 두부
1/5장
(50g) | = | 계란
1개
(50g) |

야채군 1교환은 **열량 20kcal**를 내는 야채의 양을 말합니다.

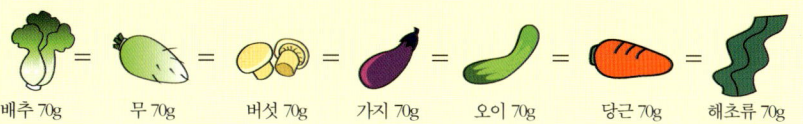

배추 70g = 무 70g = 버섯 70g = 가지 70g = 오이 70g = 당근 70g = 해초류 70g

과일군 1교환은 **열량 50kcal**를 내는 과일의 양을 말합니다.

| 사과 반개
(100g) | = | 감 반개
(80g) | = | 딸기 10알
(150g) | = | 귤 1개
(100g) | = | 토마토
(250g) | = | 과일쥬스 반컵
(250g) |

우유군 1교환은 **열량 125kcal**를 내는 유제품의 양을 말합니다.

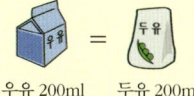

우유 200ml = 두유 200ml

지방군 1교환은 **열량 45kcal**를 내는 지방식품의 양을 말합니다.

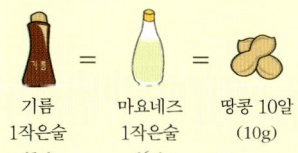

| 기름
1작은술
(5g) | = | 마요네즈
1작은술
(6g) | = | 땅콩 10알
(10g) |

식품군	식품 1교환단위(무게)	영양소			열량 (kcal)
		탄수화물 (g)	단백질 (g)	지방 (g)	
곡류군	밥 1/3공기(70g), 식빵 1쪽(35g), 삶은국수 1/2공기(90g), 감자 1개(130g), 고구마 (100g), 옥수수 (50g)	23	2		100
어육류군 저지방	쇠,돼지, 닭고기(순살코기) 탁구공 크기(40g), 흰살생선류 작은 1토막(50g), 새우(중하) 3마리, 조갯살 1/3컵(50g)		8	2	50
어육류군 중지방	쇠,돼지,닭고기(순살코기) 탁구공 크기(40g), 등푸른생선 작은 1토막(50g), 계란1개(55g), 두부1/5모(80g)		8	5	75
어육류군 고지방	갈비(30g), 치즈1+1/2 장(30g), 생선통조림 1/3컵(50g)		8	8	100
과일군	사과 반개(100g), 귤 1개(100g), 과일쥬스 반컵(100ml), 딸기 10알(150g)	12			50
채소군	당근(70g), 시금치(70g), 배추(70g), 오이(70g), 가지(70g), 깻잎(70g), 무(70g), 해조류(70g)	3	2		20
우유군	우유(200ml), 두유 (200ml)	11	6	6	125
지방군	식용유, 들기름, 참기름 1작은술(5g), 마요네즈 1작은술(6g)			5	45

6. 영양정보

영유아의 식품섭취의 영양 평가 및 식단 작성을 통해 영양 계획을 돕기 위해 열량, 단백질, 탄수화물, 지방 그리고 영유아에게 특히 중요한 영양소인 비타민A, 철분, 칼슘, 비타민C에 대한 정보가 제공된다. 영양소 정보는 농촌진흥청의 식품성분표(6차개정)과 한국영양학회의 CAN프로그램의 자료를 기초로 제공되고 있다.

〈실물크기 식품사진의 영양정보〉

▥ 그 식품이 포함하고 있는 영양가와 1일 권장량에 대한 비율을 제공하였다.
▥ 해당 식품이 포함되는 식품군 분류와 식품군별 교환량을 제시하였다

실물크기 식품사진명

영양소 함량

권장량 대비 영양소 함량(%)

식품군별 교환량

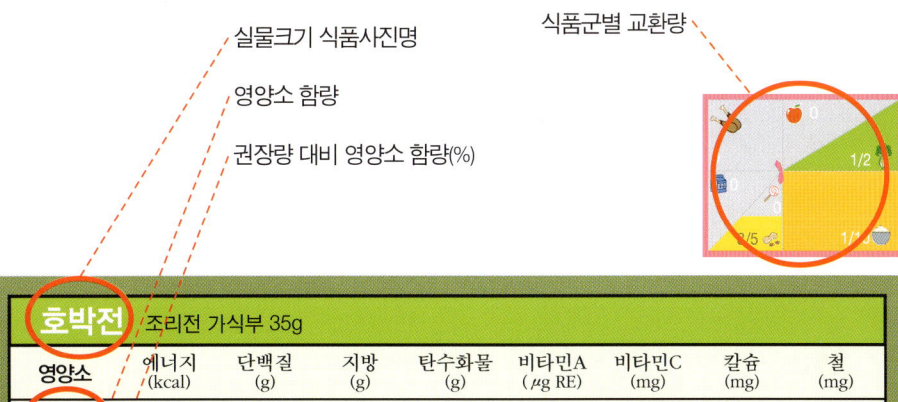

호박전	조리전 가식부 35g							
영양소	에너지 (kcal)	단백질 (g)	지방 (g)	탄수화물 (g)	비타민A (μg RE)	비타민C (mg)	칼슘 (mg)	철 (mg)
함유량	81	3.1	5.1	6.5	37.5	12.3	16.3	0.46
일일 권장량 (%) 5~11개월					11	35	5	6
일일 권장량 (%) 1~3세					11	31	3	6
일일 권장량 (%) 4~6세					9	25	3	5

비타민, 무기질의 %일일권장량은 월령별로 색상으로 표현했음

▮ 5~11개월　▮ 1~3세　▮ 4~6세

--: 함량을 알 수 없으나 소량 함유되어 있음

호박 35g, 기름 3g, 밀가루, 계란

||||| 하루 동안 섭취한 모든 식품에 대하여 '1일 권장량에 대한 비율'의 수치를 더하면 하루 권장량과 비교해 몇 %의 영양소를 섭취하였는지 알아볼 수 있다. 단, 이 표에서는 비타민과 무기질에 대한 권장량 %만 제공하였다.

손으로 식품(핑거푸드)

7. 아기의 편식을 예방하고 스스로 섭취하는 습관을 길러주기 위해 식품 섭취에 대한 재미를 키워주고 혼자서도 그 식품을 잘 먹을 수 있도록 '손으로 식품' 개념을 도입한다.

실물크기식품사진을 어떻게 활용해야 하나요?

우리는
왜 먹나요 ?

식품 내에 들어있는
영양소를 섭취하기 위해서
입니다.

 그러면 영양소란 무엇인가요?

식품에는 우리 몸에 에너지를 공급하고 몸을 만들고 유지하는 데 필요한 원료가 되는 성분이 있는데 이를 영양소라 한다. 단백질, 탄수화물, 지방, 비타민(비타민 A, B, C, D, E, K 등), 무기질(칼슘, 철, 나트륨 등) 등이 영양소의 개별적인 이름이다. 영양소는 하는 일에 따라 크게 3가지로 나눌 수 있다.

첫째, 우리 몸을 구성하는 것

둘째, 에너지를 공급하는 것

셋째, 영양소가 쓰일 때 조설을 남낭하는 것

우리 몸을 구성하는 영양소는?

1. 몸을 집에 비유한다면 우리가 먹는 식품은 집을 짓는 데 필요한 원자재가 된다. 집을 지을 때 집의 골격을 만들고 내부 구조를 완성하고 인테리어를 한다. 아이가 자라는 것은 집을 짓는 것처럼 골격과 근육을 만들고 인체 내부의 형태를 만들어가는 복잡한 과정이다. 바른 재료를 가지고 만든 집이 집으로서 우수한 기능을 하는 것처럼 바른 식품을 섭취한 아기가 잘 자라고 좋은 인지 기능을 가지게 된다. 예전에는 근육과 뼈를 만드는 고기나 우유 등의 섭취에 관심이 많이 집중되었으나, 최근에 뇌 발달에 관련된 DHA, 인지 기능과 관련된 철분 섭취 등에도 관심을 가지는 것은 영양이 몸의 외형뿐만 아니라 내적인 부분에도 밀접하게 연관되어 있음을 인식하였기 때문이다. 우리 몸을 구성하는 영양소는 근육과 뼈를 형성하는 단백질, 세포막과 신경세포를 형성하는 지방, 피를 만드는 철분 등이 있다.

에너지를 공급하는 영양소는?

2. 사람은 근육을 사용해 인체를 움직이고, 36.5도의 체온을 유지해야 하고, 신경자극을 전달하기 위해 체내에 적절한 전기에너지를 발생시켜야 하고, 호흡 및 맥박을 유지하기 위해 끊임없이 내장기관을 움직여야 한다. 생명유지를 위한 이런 모든 인체 활동에는 에너지가 필요하다. 에너지를 공급하는 영양소는 탄수화물, 지방, 단백질이 있다.

생리적 기능을 조절하는 영양소는?

3. 연료가 충분하여도 윤활유가 부족하면 자동차의 엔진이 잘 움직이지 않듯이, 우리 몸도 에너지를 내는 영양소나 몸을 구성하는 영양소가 있어도 윤활유와 같은 영양소가 없으면 다른 영양소가 제대로 쓰이지 못하여 몸이 삐걱거린다. 이러한 영양소를 조절영양소라고 하며, 비타민(A, D, E, K, B1, B2, B6, B12, 나이아신, 엽산 등)과 무기질이 여기에 해당된다.

우리아기 무엇을 먹일까요 ?

특정 식품만을 먹이는 것이 아니라 다양한 식품을 골고루 먹여야 합니다.

무엇을 먹여야 아이가 잘 자라게 될까? 무엇을 먹여야 아이가 건강할까?

많은 엄마들은 외형적으로 아이의 키가 크기를 바라는 마음으로 고기나 우유를 많이 먹이고 있다. 그러나 몸은 외형적인 골격뿐만 아니라 내부의 복잡한 구조를 만들고, 몸이 잘 돌아가도록 하기 위해 다양한 영양소를 요구한다. 즉, 어느 영양소가 더 중요하고 어느 영양소가 덜 중요하다고 할 수 없다. 영양소를 모두 다 가지고 있는 식품은 없기 때문에 필요한 영양소를 얻기 위해서는 여러 가지 식품을 먹어야 한다. 편식을 하는 아기는 처음에는 문제점이 드러나지 않지만 서서히 성장이나 발달, 건강상의 문제가 나타난다.

골고루 먹는다고 무작정 여러 가지 식품을 먹는 것이 아니라 식품을 골고루 먹는 것에도 법칙이 있다. 식품들이 가지고 있는 주된 영양소에 따라 6가지 군으로 나누는데 6가지 군에 속하는 식품을 매일 섭취해야 한다. 곡류, 어육류, 채소류, 유제품류, 과일류, 지방류에 속하는 식품을 모두 먹어야 한다.

아기가 먹은 식품을 열거해 보아 채소군을 안 먹었다면 비타민이나 무기질, 특히 조절영양소인 비타민이 부족할 가능성이 높다. 우유나 유제품군을 잘 먹지 않는다면 특히 칼슘 섭취가 부족할 가능성이 있어서 성장기의 어린이의 경우 뼈가 충분히 자라기 어렵다. 간혹 살을 빼기 위해 지방을 전혀 먹지 않는 경우가 있는데 이럴 경우 성장에 꼭 필요한 필수지방산이 부족하게 될 수 있다. 그러므로 균형 잡힌 식사가 중요한 것이다.

〈균형잡힌 식사〉 〈균형이 깨진 식사〉

우리아기
얼마나 먹여야
할까요?

개인차가 많기 때문에
정답은 없습니다.

  지금까지 엄마들은 아기에게 얼마나 먹이는 것이 영양적으로 균형있게 먹이는 것인지 궁금해 왔다. 이를 위해 전문가들이 구체적인 식단을 제공해 주기를 바라는 경우도 많다. 그러나 만들어진 식단이란 실제 적용하는데 현실적이지 못한 부분이 있다. 따라서 각 식품군별로 얼마만큼을 먹어야 하는가에 대한 원칙을 알고 이를 실제 식단으로 만들어가는 방법을 익히는 것이 훨씬 활용도가 높다.

  그러면 본 사진을 이용하여 어떻게 그리고 얼마나 먹여야 할 지를 알아보자.
  계산된 필요량과 권장량을 만족시켜 주기 위해 이 자료를 이용하여 아기가 필요한 만큼 잘 섭취하고 있는지 또는 어떻게 섭취할 것인지를 두 가지 방법으로 알아볼 수 있다.

실물크기 책자의 각 식품 모형에 수록된 영양 정보를 이용하여 계산

1.
  하루 동안 섭취한 모든 식품에 대하여 영양소별 '1일 권장량에 대한 비율'의 수치를 더하면 영양소별 하루 권장량과 비교해 몇 %의 영양소를 섭취하였는지 알아볼 수 있다. 단, 이 표에서는 비타민과 무기질에 대한 권장량 %만 제공하였다.

구분	영아			소아			남자				여자			
개월	0~4개월 모유	0~4개월 분유	5~11개월	1~3세	4~6세	7~9세	10~12세	13~15세	16~19세	20~29세	10~12세	13~15세	16~19세	20~29세
체중 kg	5.6	5.6	9.3	14	19	27	38	54	64	67	38	51	54	54
신장 cm	58	58	73	92	111	127	144	162	172	174	144	158	160	161
에너지 kcal	500	500	750	1200	1600	1800	2200	2500	2700	2500	2000	2100	2100	2000
단백질 g	15	20	20	25	30	40	55	70	75	70	55	65	60	55
비타민A μg RE	350	350	350	350	400	500	600	700	700	700	600	700	700	700
비타민D μg	5	10	10	10	10	10	10	10	10	5	10	10	10	5
비타민E mgα-TE	3	3	4	5	6	7	8	10	10	10	8	10	10	10
비타민C mg	35	50	35	40	50	60	70	70	70	70	70	70	70	70
비타민B1 mg	0.2	0.3	0.4	0.6	0.8	0.9	1.1	1.3	1.4	1.3	1.0	1.1	1.1	1.0
비타민B2 mg	0.3	0.4	0.5	0.7	1.0	1.1	1.3	1.5	1.6	1.5	1.2	1.3	1.3	1.2
나이아신 mg NE	2	3	5	8	11	12	15	17	18	17	13	14	14	13
비타민B6 mg	0.1	0.2	0.4	0.5	0.6	0.8	1.1	1.4	1.5	1.4	1.1	1.4	1.4	1.4
엽산 μg	60	100	70	80	100	150	200	250	250	250	200	250	250	250
칼슘 mg	200	300	300	500	600	700	800	900	900	700	800	800	800	700
인 mg	100	200	300	500	600	700	800	900	900	700	800	800	800	700
철 mg	2	6	8	8	9	10	12	16	16	12	16	16	16	16
아연 mg	2	4	4	6	8	9	12	12	12	12	10	10	10	10

ex. 체중이 8.5kg인 8개월된 아기

권장량 계산 : 열량 권장량 : 8.5kg   84kcal/kg = 714kcal

단백질 권장량 : 8.5kg   1.90g/kg = 16.1g

칼슘 섭취량 계산 : 조제유 800ml, 딸기 5개(75g), 호박죽 1그릇(100g)을 먹었을 경우

조제유   칼슘 함량   384mg   권장량   128%
딸기   칼슘 함량   9.8mg   권장량   3%
호박죽   칼슘 함량   22.5mg 권장량   8%
총 칼슘 섭취량 권장량의 139%

2. 식품교환과 연령별 교환수 제시량의 이용

식품을 먹고 각각의 영양소에 대해 권장량에 비해 얼마나 먹었는가를 계산하는 것이 쉬운 일은 아니다. 조금 더 간편한 방법으로는 식품교환을 이용하는 것이다. 다음에 예시된 식품군별 교환수를 이용하여 아기가 섭취한 양을 평가하고 얼마나 먹일지 계획하여 보자.

우선 아기가 식품군별 균형이 맞게 적당량을 먹었는지 확인해 보자. 아기마다 정상 섭취량이 다르기 때문에 절대량을 비교하면 안 된다. 지나치게 곡류만 많이 먹는지, 어육류만 먹고 있는 것은 아닌지 등을 확인하여야 한다. 이를 위해 표준체중의 영아를 중심으로 연령에 따라 각 식품군별 바람직한 1일 섭취 교환수를 아래 그림과 같이 제시하였다. 다음에 제시된 값은 절대적인 권장량이 아니며, 하나의 예시로 제시한 것이므로 개인의 성장 및 발달 정도에 따라 각기 다르게 적용되어야 한다.

4~6개월

이유식 열량합계 (kcal)	시작
전체 열량합계 (kcal)	

7~8개월

이유식 열량합계 (kcal)	115~200
전체 열량합계 (kcal)	700~750

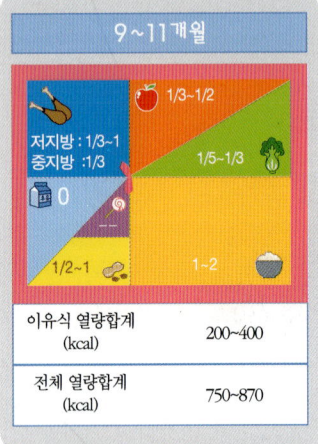

9~11개월

이유식 열량합계 (kcal)	200~400
전체 열량합계 (kcal)	750~870

12~17개월

이유식 열량합계 (kcal)	400~620
전체 열량합계 (kcal)	870~950

18~23개월

이유식 열량합계 (kcal)	620~770
전체 열량합계 (kcal)	950~1080

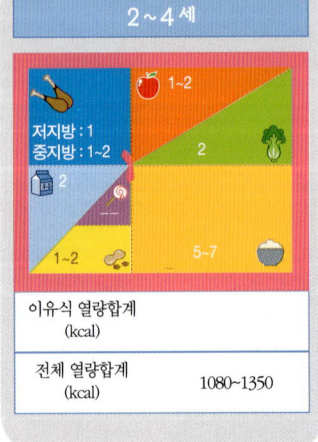

2~4세

이유식 열량합계 (kcal)	
전체 열량합계 (kcal)	1080~1350

4~6세

이유식 열량합계 (kcal)	
전체 열량합계 (kcal)	1350~1680

단위 : 교환

식품군 연령	바람직한 1일 섭취 교환수						
	4~6개월	7~8개월	9~11개월	12~17개월	18~23개월	2~4세	4~6세
곡류군	시작	$\frac{2}{3}$~1	1~2	2~4	4~5	5~7	7~9
채소군		$\frac{1}{5}$~$\frac{1}{3}$	$\frac{1}{3}$~1	1~1$\frac{1}{2}$	1$\frac{1}{2}$~2	2	2~3
과일군	발달에 따라 시작	$\frac{1}{3}$~$\frac{1}{2}$	$\frac{1}{2}$~1	1	1	1	1
육류군	발달에 따라 시작	$\frac{1}{5}$~$\frac{2}{3}$	$\frac{2}{3}$~1$\frac{1}{3}$	1$\frac{1}{3}$~1$\frac{1}{2}$	1$\frac{1}{2}$~2	2~3	3~4
모유/분유/ 우유 및 유제품		(800~850ml)	(700~800ml)	2~3$\frac{1}{2}$ (400~700ml)	2~2$\frac{1}{2}$ (400~500ml)	2 (400ml)	2 (400ml)
지방군		$\frac{1}{3}$~$\frac{1}{2}$	$\frac{1}{2}$~1	1	1	1~2	2~3
이유식 열량합계 (kal)		115~200	200~400	400~620	620~770		
전체 열량합계 (kal)		700~750	750~870	870~950	950~1080	1080~1350	1350~1680

- 모유수유아의 경우 특히 12개월 이전에는 철분강화 곡류제품을 권장한다.
- 12개월 이전의 유제품은 모유 또는 조제유가 중심을 이루어야 한다.
- WHO(World Health Organization)에서 권장하는 하루 이유식 섭취 열량은 6~8개월 130kcal, 9~11개월 310kcal, 12~23개월 580kcal이다.

실물크기 식품사진을 이용하여 놀이를 해볼까요?

플래쉬카드

1.

| 놀이목표 | 각 식품의 이름을 알고 식품군으로 분류한다.

| 대상 | 엄마 또는 아기를 돌보는 사람과 아기

| 준비사항 | 실물크기 식품사진

| 놀이방법 | 엄마가 아기에게 사진을 보여 주면서 식품의 이름을 소리 내어 읽어 준다.
식품군별로 엄마와 아기가 분류하는 놀이를 한다.

얼마나 먹었나 또는 먹일까 놀이

2.

| 놀이목표 | 영양적으로 적합한 하루 전체 음식메뉴를 고를 줄 알게 한다. 특정 영양소를 권장량에 가깝게 선택하도록 하거나 혹은 식품군별로 적절한 교환수를 선택하도록 하는 것을 목표로 한다.

| 대상 | 엄마 또는 아기를 돌보는 사람

| 준비사항 | 실물크기 식품사진, 계산기, 1일 영양소 권장량 또는 바람직한 식품군별 섭취교환수를 표시해 줄 수 있는 그림판

| 놀이방법 | 그 날 목표로 하는 사항을 정한다. 즉, 열량, 특정 영양소, 혹은 식품군별 교환수 중 한 가지를 계산하는 것을 목표로 한다. 목표량도 정한다.
참가자들이 실물크기 식품 사진책에서 음식을 선택한다. 선택한 음식의 양을 고려하여 영양소 혹은 식품교환수를 합계하여 그림판에 표시한다.

▷ 그룹이 모여 놀이를 하면서 선택한 것에 대해 함께 이야기하도록 하고, 어떤 방법으로 식단을 수정할 수 있는가에 대해 토의하도록 한다.

▷ 음식을 선택하는 기준에 대한 별도의 과제를 추가할 수 있다.

예) 1세 이하에 적합한 식품, 여러 가지 색깔이 포함되게 고르기 등.

▷ 하루 식사가 아닌 한끼, 도시락, 아침식사 고르기, 간식 고르기 등 권장량 또는 제시량의 1/3~1/4에 해당하는 상황을 설정하여 놀이를 할 수 있다.

빙고

| 놀이목표 | 각 식품군에 속한 식품을 알게 한다.

| 준비사항 | 실물 크기 식품사진

– 빙고카드(각 칸에 흐리게 식품군을 지정한다)

| 놀이방법 |

칸별로 식품군이 지정된 빙고카드를 각 참가자들에게 나눠준다.

→ 참가자들은 각자 실물 크기 식품사진을 보면서 자신의 카드에 있는 사각형 안에 각 식품군에 속한 식품의 이름을 써 넣는다. 예를 들어 자신의 카드에 있는 채소군 사각형 중 하나에 당근을 써 넣을 수 있다.

→ 놀이 진행자가 임의로 식품의 이름을 부르면, 어린이는 자신의 카드에 해당 식품이 있는지 확인하고, 있을 경우 이를 표시한다.

→ 가로, 세로, 대각선 중 5개 사각형이 먼저 채워지면 이긴다.

→ 체크를 하고 이긴 사람은 식품과 식품군의 이름을 읽는다.

식품사진

곡류균

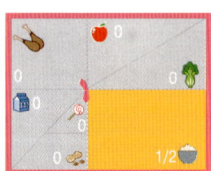

감자	가식부 65g							
영양소	에너지 (kcal)	단백질 (g)	지방 (g)	탄수화물 (g)	비타민A (μg RE)	비타민C (mg)	칼슘 (mg)	철 (mg)
함유량	36	1.6	0.1	7.5	0	13.7	3.9	0.52
일일 권장량 (%)	5~11 개월				0	39	1	7
	1~3 세				0	34	1	7
	4~6 세				0	27	1	6

감자채볶음	조리전 가식부 65g							
영양소	에너지 (kcal)	단백질 (g)	지방 (g)	탄수화물 (g)	비타민A (μg RE)	비타민C (mg)	칼슘 (mg)	철 (mg)
함유량	86	1.9	5.1	8.8	2.4	15.3	8.1	0.59
일일 권장량 (%)	5~11 개월				1	44	3	7
	1~3 세				1	38	2	7
	4~6 세				1	31	1	7

영양소	에너지 (kcal)	단백질 (g)	지방 (g)	탄수화물 (g)	비타민A (μg RE)	비타민C (mg)	칼슘 (mg)	철 (mg)
함유량	62	0.8	5.0	3.8	0	6.9	2.4	0.27
일일 권장량 (%)	5~11 개월				0	20	1	3
	1~3 세				0	17	0	3
	4~6 세				0	14	0	3

감자튀김 33g

고구마	가식부 50g							
영양소	에너지 (kcal)	단백질 (g)	지방 (g)	탄수화물 (g)	비타민A (μg RE)	비타민C (mg)	칼슘 (mg)	철 (mg)
함유량	64	0.7	0.1	15.2	9.5	12.5	12.0	0.25
일일 권장량 (%)	5~11 개월				3	36	4	3
	1~3 세				3	31	2	3
	4~6 세				2	25	2	3

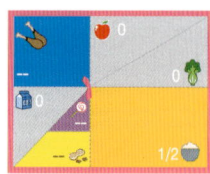

과자, 계란과자	10g							
영양소	에너지 (kcal)	단백질 (g)	지방 (g)	탄수화물 (g)	비타민A (μg RE)	비타민C (mg)	칼슘 (mg)	철 (mg)
함유량	50	0.7	1.6	8.1	0.0	0.0	2.0	0.3
일일 권장량 (%)	5~11 개월				0	0	1	4
	1~3 세				0	0	0	4
	4~6 세				0	0	0	3

과자, 마가렛트 10g							
영양소	에너지 (kcal)	단백질 (g)	지방 (g)	탄수화물 (g)	비타민A (μg RE)	비타민C (mg)	칼슘 (mg)	철 (mg)
함유량	50	0.8	2.7	5.8	53	0	2.7	0.7
일일 권장량 (%)	5~11 개월				15	0	1	1
	1~3 세				15	0	1	1
	4~6 세				13	0	0	1

과자, 바나나킥	12g							
영양소	에너지 (kcal)	단백질 (g)	지방 (g)	탄수화물 (g)	비타민A (μg RE)	비타민C (mg)	칼슘 (mg)	철 (mg)
함유량	50	0.5	0.8	10.2	0.2	0.5	12.1	0.05
일일 권장량 (%)	5~11 개월				0	1	4	1
	1~3 세				0	1	2	1
	4~6 세				0	1	2	1

과자, 바이오캔디 13g							
영양소	에너지 (kcal)	단백질 (g)	지방 (g)	탄수화물 (g)	비타민A (μg RE)	비타민C (mg)	칼슘 (mg)	철 (mg)
함유량	56	0.3	0.2	10.1	0	0	4.8	0.01

일일 권장량 (%)		비타민A	비타민C	칼슘	철
	5~11 개월	0	0	2	0
	1~3 세	0	0	1	0
	4~6 세	0	0	1	0

영양소	에너지 (kcal)	단백질 (g)	지방 (g)	탄수화물 (g)	비타민A (μg RE)	비타민C (mg)	칼슘 (mg)	철 (mg)
함유량	43	1.0	0.6	8.5	1.0	0	10.0	0.30
일일 권장량 (%)	5~11 개월				0	0	3	4
	1~3 세				0	0	2	4
	4~6 세				0	0	2	3

과자, 베베 11g

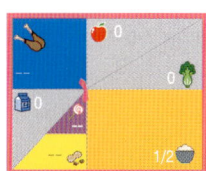

과자, 베이키 20g								
영양소	에너지 (kcal)	단백질 (g)	지방 (g)	탄수화물 (g)	비타민A (μg RE)	비타민C (mg)	칼슘 (mg)	철 (mg)
함유량	69	1.3	3.0	9.4	16.4	0	6.8	0.18
일일 권장량 (%)	5~11 개월				5	0	2	2
	1~3 세				5	0	1	2
	4~6 세				4	0	1	2

영양소	에너지 (kcal)	단백질 (g)	지방 (g)	탄수화물 (g)	비타민A (μg RE)	비타민C (mg)	칼슘 (mg)	철 (mg)
과자, 뽀또 12g								
함유량	65	1.4	3.1	7.6	0	0	12.6	0.39
일일 권장량 (%)	5~11 개월				0	0	4	5
	1~3 세				0	0	3	5
	4~6 세				0	0	2	4

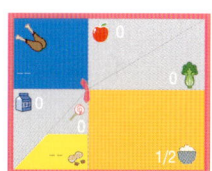

과자, 새우깡 10g								
영양소	에너지 (kcal)	단백질 (g)	지방 (g)	탄수화물 (g)	비타민A (μg RE)	비타민C (mg)	칼슘 (mg)	철 (mg)
함유량	50	0.6	2.5	6.0	0.4	0	10.7	0.11
일일 권장량 (%)	5~11 개월				0	0	4	1
	1~3 세				0	0	2	1
	4~6 세				0	0	2	1

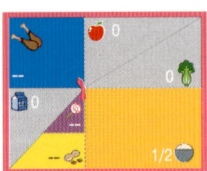

과자, 웨하스 10g								
영양소	에너지 (kcal)	단백질 (g)	지방 (g)	탄수화물 (g)	비타민A (μg RE)	비타민C (mg)	칼슘 (mg)	철 (mg)
함유량	50	0.5	2.1	7.1	0.3	0.0	3.3	0.05
일일 권장량 (%)	5~11 개월				0	0	1	1
	1~3 세				0	0	1	1
	4~6 세				0	0	0	0

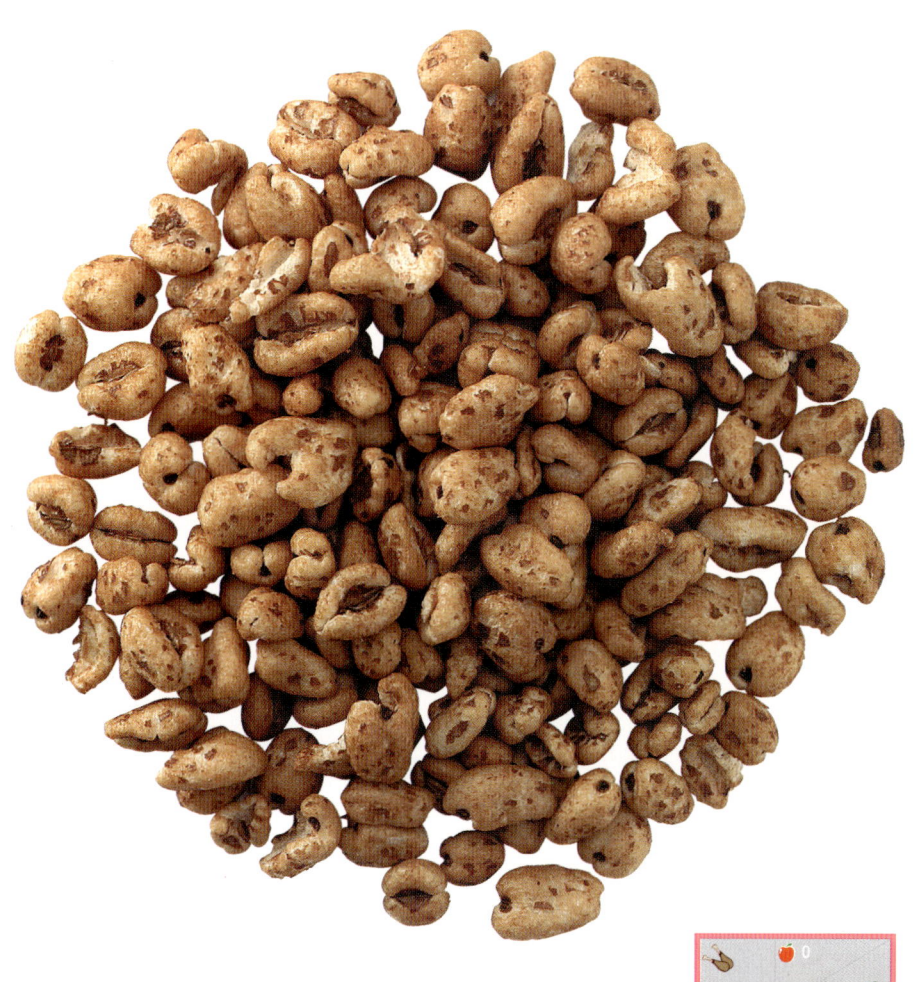

영양소	에너지 (kcal)	단백질 (g)	지방 (g)	탄수화물 (g)	비타민A (μg RE)	비타민C (mg)	칼슘 (mg)	철 (mg)
함유량	57	0.8	2.9	7.0	0.9	0.4	0.2	0.03
일일 권장량 (%)	5~11 개월				0	1	0	0
	1~3 세				0	1	0	0
	4~6 세				0	1	0	0

과자, 죠리퐁 11g

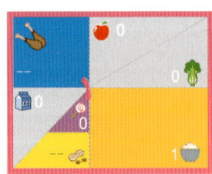

과자, 카스타드 24g							
영양소	에너지 (kcal)	단백질 (g)	지방 (g)	탄수화물 (g)	비타민A (μg RE)	비타민C (mg)	칼슘 (mg)	철 (mg)
함유량	114	1.4	6.4	12.3	18.0	0	11.3	1.49
일일 권장량 (%)	5~11 개월				5	0	4	19
	1~3 세				5	0	2	19
	4~6 세				5	0	2	17

과자, 카스테라 15g								
영양소	에너지 (kcal)	단백질 (g)	지방 (g)	탄수화물 (g)	비타민A (μg RE)	비타민C (mg)	칼슘 (mg)	철 (mg)
함유량	48	1.0	1.3	8.2	9.0	0	6.6	0.18
일일 권장량 (%)	5~11 개월				3	0	2	2
	1~3 세				3	0	1	2
	4~6 세				2	0	1	2

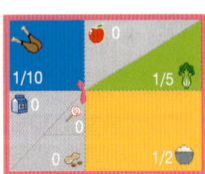

영양소	에너지 (kcal)	단백질 (g)	지방 (g)	탄수화물 (g)	비타민A (μg RE)	비타민C (mg)	칼슘 (mg)	철 (mg)
국수, 국수장국 100ml								
함유량	73	3.4	0.8	12.5	12.2	4.0	41.6	0.58
일일 권장량 (%) 5~11 개월					3	11	14	7
1~3 세					3	10	8	7
4~6 세					3	8	7	6

국수, 소면(삶은것) 43g							
영양소	에너지 (kcal)	단백질 (g)	지방 (g)	탄수화물 (g)	비타민A (μg RE)	비타민C (mg)	칼슘 (mg)	철 (mg)
함유량	55	1.8	0.1	11.2	0	0	5.9	0.32
일일 권장량 (%)	5~11 개월				0	0	2	4
	1~3 세				0	0	1	4
	4~6 세				0	0	1	4

영양소	에너지 (kcal)	단백질 (g)	지방 (g)	탄수화물 (g)	비타민A (μg RE)	비타민C (mg)	칼슘 (mg)	철 (mg)
함유량	73	4.7	2.8	7.9	11.1	1.3	23.4	0.66
일일 권장량 (%)	5~11 개월				3	4	8	8
	1~3 세				3	3	5	8
	4~6 세				3	3	4	7

국수, 물만두 53g

영양소	에너지 (kcal)	단백질 (g)	지방 (g)	탄수화물 (g)	비타민A (μg RE)	비타민C (mg)	칼슘 (mg)	철 (mg)
국수, 수제비 100ml								
함유량	67	2.7	0.3	14.4	10.7	5.9	19.6	0.44
일일 권장량 (%) 5~11 개월					3	17	7	6
1~3 세					3	15	4	6
4~6 세					3	12	3	5

영양소	에너지 (kcal)	단백질 (g)	지방 (g)	탄수화물 (g)	비타민A (μg RE)	비타민C (mg)	칼슘 (mg)	철 (mg)
함유량	207	6.9	5.3	31.5	4.7	3.6	17.2	0.79
일일 권장량 (%)	5~11 개월				1	10	6	10
	1~3 세				1	9	3	10
	4~6 세				1	7	3	9

국수, 자장면 100ml

국수, 칼국수 100ml							
영양소	에너지 (kcal)	단백질 (g)	지방 (g)	탄수화물 (g)	비타민A (μg RE)	비타민C (mg)	칼슘 (mg)	철 (mg)
함유량	107	6.0	2.3	16.8	34.8	11.7	99.3	1.25
일일 권장량 (%) 5~11 개월					10	33	33	16
일일 권장량 (%) 1~3 세					10	29	20	16
일일 권장량 (%) 4~6 세					9	23	17	14

영양소	에너지 (kcal)	단백질 (g)	지방 (g)	탄수화물 (g)	비타민A (µg RE)	비타민C (mg)	칼슘 (mg)	철 (mg)
함유량	78	2.7	1.3	13.4	13.5	0.4	5.3	0.35
일일 권장량 (%)	5~11 개월				4	1	2	4
	1~3 세				4	1	1	4
	4~6 세				3	1	1	4

떡, 떡국 100ml

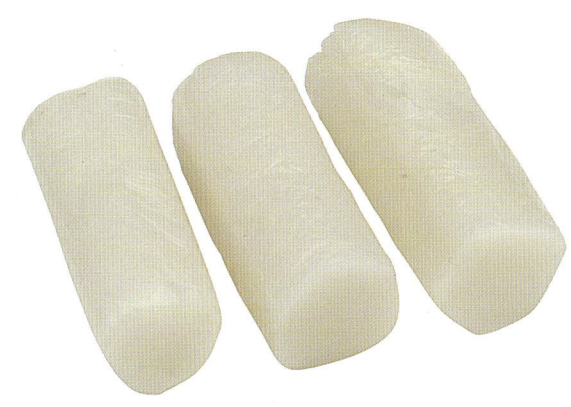

영양소	에너지 (kcal)	단백질 (g)	지방 (g)	탄수화물 (g)	비타민A (μg RE)	비타민C (mg)	칼슘 (mg)	철 (mg)
떡, 떡볶기떡 25g								
함유량	58	1.2	0.1	12.8	0	0	0.5	0.13
일일 권장량 (%)	5~11 개월				0	0	0	6
	1~3 세				0	0	0	6
	4~6 세				0	0	0	5

녹두빈대떡 45g							
영양소	에너지 (kcal)	단백질 (g)	지방 (g)	탄수화물 (g)	비타민A (μg RE)	비타민C (mg)	칼슘 (mg)	철 (mg)
함유량	118	5.3	6.5	9.9	8.2	2.6	16	0.95
일일 권장량 (%)	5~11 개월				2	7	5	12
	1~3 세				2	6	3	12
	4~6 세				2	5	3	10

영양소	에너지 (kcal)	단백질 (g)	지방 (g)	탄수화물 (g)	비타민A (μg RE)	비타민C (mg)	칼슘 (mg)	철 (mg)
떡, 호박설기 25g								
함유량	34	0.7	0.1	7.5	22.9	2.3	3.4	0.11
일일 권장량 (%)	5~11 개월				7	7	1	1
	1~3 세				7	6	1	1
	4~6 세				6	5	1	1

묵, 도토리묵 100g							
영양소	에너지 (kcal)	단백질 (g)	지방 (g)	탄수화물 (g)	비타민A (μg RE)	비타민C (mg)	칼슘 (mg)	철 (mg)
함유량	43	0.2	0.2	10.1	0	0	6.0	0.40
일일 권장량 (%)	5~11 개월				0	0	2	5
	1~3 세				0	0	1	5
	4~6 세				0	0	1	4

영양소	에너지 (kcal)	단백질 (g)	지방 (g)	탄수화물 (g)	비타민A (µg RE)	비타민C (mg)	칼슘 (mg)	철 (mg)
함유량	67	1.2	2.2	11.0	3.9	0.7	21.2	0.71
일일 권장량 (%)	5~11 개월				1	2	7	9
	1~3 세				1	2	4	9
	4~6 세				1	1	4	8

묵, 도토리묵 무침 조리전 100g

묵, 청포묵 50g							
영양소	에너지 (kcal)	단백질 (g)	지방 (g)	탄수화물 (g)	비타민A (㎍ RE)	비타민C (mg)	칼슘 (mg)	철 (mg)
함유량	19	0.1	0	4.5	0	0	2.5	0.20
일일 권장량 (%)	5~11 개월				0	0	1	3
	1~3 세				0	0	1	3
	4~6 세				0	0	0	2

묵, 청포묵 무침	조리전 50g						
영양소	에너지 (kcal)	단백질 (g)	지방 (g)	탄수화물 (g)	비타민A (μg RE)	비타민C (mg)	칼슘 (mg)	철 (mg)
함유량	26	0.3	0.1	4.1	10.5	0.2	1.8	0.32
일일 권장량 (%)	5~11 개월				3	1	3	4
	1~3 세				3	1	2	4
	4~6 세				3	0	1	3

영양소	에너지 (kcal)	단백질 (g)	지방 (g)	탄수화물 (g)	비타민A (μg RE)	비타민C (mg)	칼슘 (mg)	철 (mg)
함유량	30	0.7	0.1	6.2	0	0	2.9	0.15
일일 권장량 (%) 5~11 개월					0	0	1	2
일일 권장량 (%) 1~3 세					0	0	1	2
일일 권장량 (%) 4~6 세					0	0	0	2

미숫가루 7.5g

식빵 35g								
영양소	에너지 (kcal)	단백질 (g)	지방 (g)	탄수화물 (g)	비타민A (㎍ RE)	비타민C (mg)	칼슘 (mg)	철 (mg)
힘유량	97	3.3	2.0	16.4	0.7	0	9.8	0.32
일일 권장량 (%)	5~11 개월				0	0	3	4
	1~3 세				0	0	2	4
	4~6 세				0	0	2	4

밤 가식부 30g								
영양소	에너지 (kcal)	단백질 (g)	지방 (g)	탄수화물 (g)	비타민A (μg RE)	비타민C (mg)	칼슘 (mg)	철 (mg)
함유량	49	1.0	0.2	10.7	2.4	3.6	8.4	0.48
일일 권장량 (%) 5~11 개월					1	10	3	6
1~3 세					1	9	2	6
4~6 세					1	7	1	5

밥, 김밥 40g								
영양소	에너지 (kcal)	단백질 (g)	지방 (g)	탄수화물 (g)	비타민A (μg RE)	비타민C (mg)	칼슘 (mg)	철 (mg)
함유량	90	2.6	3.0	12.8	81.5	3.1	11.0	0.58
일일 권장량 (%)	5~11 개월				23	9	4	7
	1~3 세				23	8	2	7
	4~6 세				20	6	2	6

영양소	에너지 (kcal)	단백질 (g)	지방 (g)	탄수화물 (g)	비타민A (μg RE)	비타민C (mg)	칼슘 (mg)	철 (mg)
밥, 꼬마김밥 25g								
함유량	57	1.6	1.8	8.3	56.0	1.9	6.5	0.37
일일 권장량 (%) 5~11 개월					16	6	2	5
1~3 세					16	5	1	5
4~6 세					14	4	1	4

밥, 쇠고기 볶음밥 70g

영양소	에너지 (kcal)	단백질 (g)	지방 (g)	탄수화물 (g)	비타민A (μg RE)	비타민C (mg)	칼슘 (mg)	철 (mg)
함유량	94	3.6	3.0	13.0	103.9	3.6	8.2	0.60
일일 권장량 (%)	5~11 개월				30	10	3	7
	1~3 세				30	9	2	7
	4~6 세				26	7	1	6

밥, 쌀밥 70g							
영양소	에너지 (kcal)	단백질 (g)	지방 (g)	탄수화물 (g)	비타민A (μg RE)	비타민C (mg)	칼슘 (mg)	철 (mg)
함유량	104	2.0	0.1	23.0	0	0	1.1	0.11
일일 권장량 (%) 5~11 개월					0	0	1	5
일일 권장량 (%) 1~3 세					0	0	1	5
일일 권장량 (%) 4~6 세					0	0	1	4

밥, 쌀밥 70g							
영양소	에너지 (kcal)	단백질 (g)	지방 (g)	탄수화물 (g)	비타민A (μg RE)	비타민C (mg)	칼슘 (mg)	철 (mg)
함유량	104	2.0	0.1	23.0	0	0	1.1	0.11
일일 권장량 (%)	5~11 개월				0	0	1	5
	1~3 세				0	0	1	5
	4~6 세				0	0	1	4

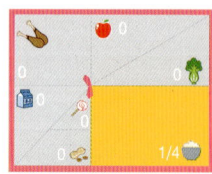

밥, 쌀밥(수저) 17.5g								
영양소	에너지 (kcal)	단백질 (g)	지방 (g)	탄수화물 (g)	비타민A (µg RE)	비타민C (mg)	칼슘 (mg)	철 (mg)
함유량	26	0.5	0	5.8	0	0	0.3	0.03
일일 권장량 (%)	5~11 개월				0	0	0	1
	1~3 세				0	0	0	1
	4~6 세				0	0	0	1

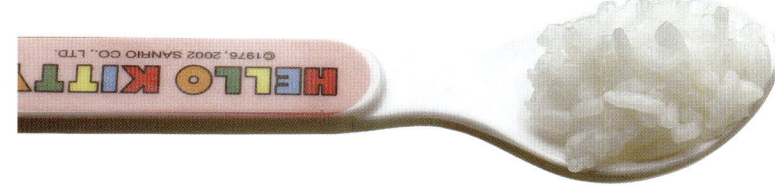

밥, 쌀밥(아기수저) 4.5g								
영양소	에너지 (kcal)	단백질 (g)	지방 (g)	탄수화물 (g)	비타민A (μg RE)	비타민C (mg)	칼슘 (mg)	철 (mg)
함유량	5	0.1	0	1.2	0	0	0.1	0.01
일일 권장량 (%)	5~11 개월				0	0	0	0
	1~3 세				0	0	0	0
	4~6 세				0	0	0	0

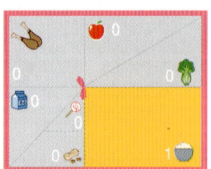

밥, 잡곡밥 70g								
영양소	에너지 (kcal)	단백질 (g)	지방 (g)	탄수화물 (g)	비타민A (μg RE)	비타민C (mg)	칼슘 (mg)	철 (mg)
함유량	115	2.8	0.3	24.4	0	0	8.2	0.34
일일 권장량 (%)	5~11 개월				0	0	3	8
	1~3 세				0	0	2	8
	4~6 세				0	0	1	7

밥, 잡곡밥 70g							
영양소	에너지 (kcal)	단백질 (g)	지방 (g)	탄수화물 (g)	비타민A (μg RE)	비타민C (mg)	칼슘 (mg)	철 (mg)
함유량	115	2.8	0.3	24.4	0	0	8.2	0.34
일일 권장량 (%)	5~11 개월				0	0	3	8
	1~3 세				0	0	2	8
	4~6 세				0	0	1	7

옥수수	가식부 25g							
영양소	에너지 (kcal)	단백질 (g)	지방 (g)	탄수화물 (g)	비타민A (μg RE)	비타민C (mg)	칼슘 (mg)	철 (mg)
함유량	35	1.2	0.3	7.2	2.3	1.0	5.3	0.55
일일 권장량 (%)	5~11 개월				1	3	2	7
	1~3 세				1	3	1	7
	4~6 세				1	2	1	6

옥수수 통조림 18g								
영양소	에너지 (kcal)	단백질 (g)	지방 (g)	탄수화물 (g)	비타민A (μg RE)	비타민C (mg)	칼슘 (mg)	철 (mg)
함유량	15	0.4	0.2	3.2	0.9	0.7	0.5	0.07
일일 권장량 (%) 5~11 개월					0	2	0	1
일일 권장량 (%) 1~3 세					0	2	0	1
일일 권장량 (%) 4~6 세					0	1	0	1

죽, 닭죽 100ml								
영양소	에너지 (kcal)	단백질 (g)	지방 (g)	탄수화물 (g)	비타민A (μg RE)	비타민C (mg)	칼슘 (mg)	철 (mg)
함유량	66	4.0	0.2	11.5	0.7	0.1	3.5	0.13
일일 권장량 (%)	5~11 개월				0	0	1	4
	1~3 세				0	0	1	4
	4~6 세				0	0	0	3

72

죽, 버섯죽 100ml								
영양소	에너지 (kcal)	단백질 (g)	지방 (g)	탄수화물 (g)	비타민A (μg RE)	비타민C (mg)	칼슘 (mg)	철 (mg)
함유량	75	1.9	0.1	16.0	0	0.8	3.7	0.31
일일 권장량 (%)	5~11 개월				0	2	1	6
	1~3 세				0	2	1	6
	4~6 세				0	2	1	5

죽, 쇠고기 야채죽 100ml								
영양소	에너지 (kcal)	단백질 (g)	지방 (g)	탄수화물 (g)	비타민A (μg RE)	비타민C (mg)	칼슘 (mg)	철 (mg)
함유량	92	3.4	1.3	16.5	78.0	2.7	7.5	0.41
일일 권장량 (%) 5~11 개월					22	8	2	7
일일 권장량 (%) 1~3 세					22	7	1	7
일일 권장량 (%) 4~6 세					20	5	1	6

영양소	에너지 (kcal)	단백질 (g)	지방 (g)	탄수화물 (g)	비타민A (μg RE)	비타민C (mg)	칼슘 (mg)	철 (mg)
죽, 쌀미음(10배죽) 100ml								
함유량	35	0.7	0	7.7	0	0	0.6	0.06
일일 권장량 (%) 5~11 개월					0	0	0	1
일일 권장량 (%) 1~3 세					0	0	0	1
일일 권장량 (%) 4~6 세					0	0	0	1

죽, 쌀죽(6배죽)	100ml							
영양소	에너지 (kcal)	단백질 (g)	지방 (g)	탄수화물 (g)	비타민A (μg RE)	비타민C (mg)	칼슘 (mg)	철 (mg)
함유량	63	1.2	0.1	13.8	0	0	0.7	0.07
일일 권장량 (%)	5~11 개월				0	0	0	1
	1~3 세				0	0	0	1
	4~6 세				0	0	0	3

죽, 쌀죽(수저) 17.5g								
영양소	에너지 (kcal)	단백질 (g)	지방 (g)	탄수화물 (g)	비타민A (μg RE)	비타민C (mg)	칼슘 (mg)	철 (mg)
함유량	10	0.2	0	2.3	0	0	0.1	0.01
일일 권장량 (%)	5~11 개월				0	0	0	0
	1~3 세				0	0	0	0
	4~6 세				0	0	0	0

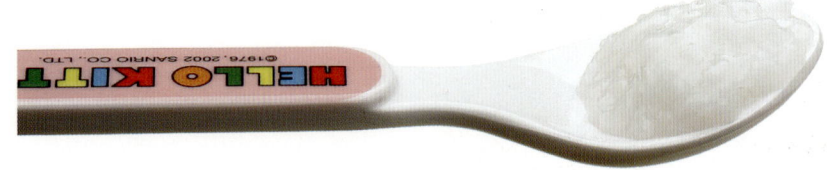

죽, 쌀죽(아기수저1) 5g								
영양소	에너지 (kcal)	단백질 (g)	지방 (g)	탄수화물 (g)	비타민A (μg RE)	비타민C (mg)	칼슘 (mg)	철 (mg)
함유량	3	0.1	0	0.8	0	0	0.0	0.00
일일 권장량 (%)	5~11 개월				0	0	0	0
	1~3 세				0	0	0	0
	4~6 세				0	0	0	0

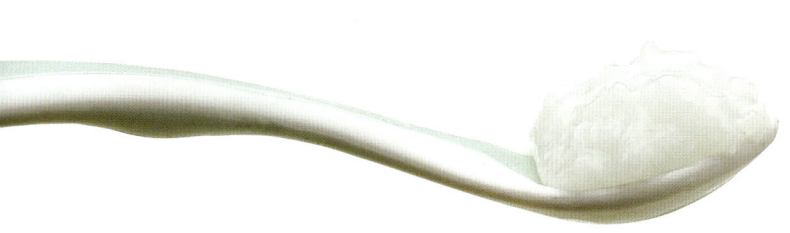

죽, 쌀죽(아기수저2) 4.5g								
영양소	에너지 (kcal)	단백질 (g)	지방 (g)	탄수화물 (g)	비타민A (μg RE)	비타민C (mg)	칼슘 (mg)	철 (mg)
함유량	3	0.1	0	0.6	0	0	0.0	0.00
일일 권장량 (%)	5~11 개월				0	0	0	0
	1~3 세				0	0	0	0
	4~6 세				0	0	0	0

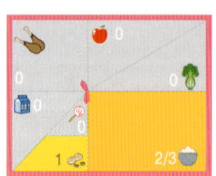

영양소	에너지 (kcal)	단백질 (g)	지방 (g)	탄수화물 (g)	비타민A (μg RE)	비타민C (mg)	칼슘 (mg)	철 (mg)
죽, 잣죽 100ml								
함유량	123	2.5	5.5	16.2	0	0	4.4	0.57
일일 권장량 (%) 5~11 개월					0	0	1	9
1~3 세					0	0	1	9
4~6 세					0	0	1	8

죽, 호박죽 100ml							
영양소	에너지 (kcal)	단백질 (g)	지방 (g)	탄수화물 (g)	비타민A (μg RE)	비타민C (mg)	칼슘 (mg)	철 (mg)
함유량	94	2.5	0.2	20.5	59.5	7.5	22.5	0.79
일일 권장량 (%) 5~11 개월					17	21	8	10
일일 권장량 (%) 1~3 세					17	19	5	10
일일 권장량 (%) 4~6 세					15	15	4	9

야채군

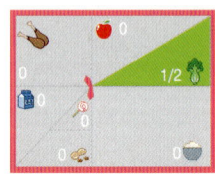

가지	가식부 35g							
영양소	에너지 (kcal)	단백질 (g)	지방 (g)	탄수화물 (g)	비타민A (μg RE)	비타민C (mg)	칼슘 (mg)	철 (mg)
함유량	6	0.3	0	1.3	2.1	1.4	6.3	0.07
일일 권장량 (%)	5~11 개월				1	4	2	1
	1~3 세				1	4	1	1
	4~6 세				1	3	1	1

영양소	에너지 (kcal)	단백질 (g)	지방 (g)	탄수화물 (g)	비타민A (μg RE)	비타민C (mg)	칼슘 (mg)	철 (mg)
함유량	14	0.4	0.8	1.5	4.5	1.9	14.1	0.19
일일 권장량 (%)	5~11 개월				1	5	5	2
	1~3 세				1	5	3	2
	4~6 세				1	4	2	2

가지나물 조리전 가식부 35g

영양소	에너지 (kcal)	단백질 (g)	지방 (g)	탄수화물 (g)	비타민A (μg RE)	비타민C (mg)	칼슘 (mg)	철 (mg)
함유량	6	0.8	0.1	0.8	177.8	5.6	30.5	0.84
일일 권장량 (%)	5~11 개월				51	16	10	11
	1~3 세				51	14	6	11
	4~6 세				44	11	5	9

근대, 생것 가식부 35g

근대, 데친것	가식부 35g							
영양소	에너지 (kcal)	단백질 (g)	지방 (g)	탄수화물 (g)	비타민A (μg RE)	비타민C (mg)	칼슘 (mg)	철 (mg)
함유량	6	0.8	0.1	0.8	177.8	5.6	30.5	0.84
일일 권장량 (%)	5~11 개월				51	16	10	11
	1~3 세				51	14	6	11
	4~6 세				44	11	5	9

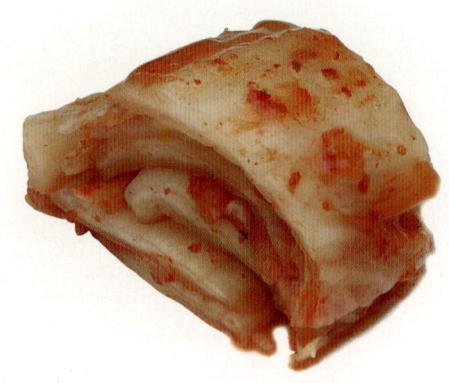

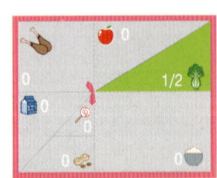

김치, 배추김치 35g							
영양소	에너지 (kcal)	단백질 (g)	지방 (g)	탄수화물 (g)	비타민A (μg RE)	비타민C (mg)	칼슘 (mg)	철 (mg)
함유량	6	0.7	0.2	0.9	16.8	4.9	16.5	0.28
일일 권장량 (%)	5~11 개월				5	14	5	4
	1~3 세				5	12	3	4
	4~6 세				4	10	3	3

김치전 46g								
영양소	에너지 (kcal)	단백질 (g)	지방 (g)	탄수화물 (g)	비타민A (μg RE)	비타민C (mg)	칼슘 (mg)	철 (mg)
함유량	97	2.5	3.4	15.6	11.5	3.4	15.1	0.35
일일 권장량 (%)	5~11 개월				3	10	5	4
	1~3 세				3	8	3	4
	4~6 세				3	7	3	4

느타리버섯	가식부 35g							
영양소	에너지 (kcal)	단백질 (g)	지방 (g)	탄수화물 (g)	비타민A (μg RE)	비타민C (mg)	칼슘 (mg)	철 (mg)
함유량	9	0.9	0.1	1.6	0	1.1	1.1	0.42
일일 권장량 (%)	5~11 개월				0	3	0	5
	1~3 세				0	3	0	5
	4~6 세				0	2	0	5

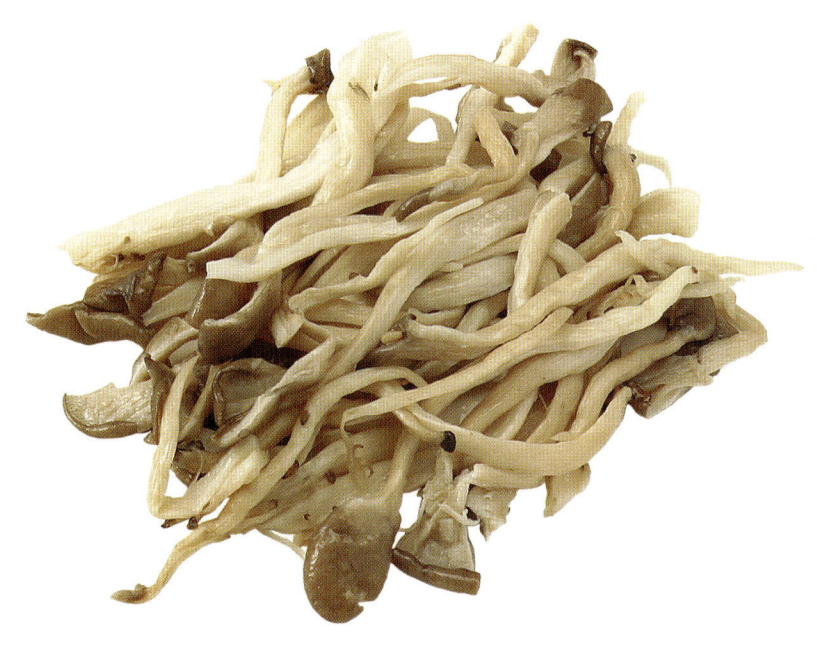

느타리버섯무침	조리전 가식부 35g							
영양소	에너지 (kcal)	단백질 (g)	지방 (g)	탄수화물 (g)	비타민A (μg RE)	비타민C (mg)	칼슘 (mg)	철 (mg)
함유량	15	1.0	0.8	1.7	0	1.1	5.6	0.46
일일 권장량 (%)	5~11 개월				0	3	2	6
	1~3 세				0	3	1	6
	4~6 세				0	2	1	5

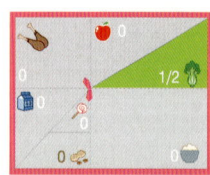

영양소	에너지 (kcal)	단백질 (g)	지방 (g)	탄수화물 (g)	비타민A (μg RE)	비타민C (mg)	칼슘 (mg)	철 (mg)
함유량	12	0.4	0.1	2.7	440.0	2.1	13.3	0.25
일일 권장량 (%)	5~11 개월				126	6	4	3
	1~3 세				126	5	3	3
	4~6 세				110	4	2	2

당근 가식부 35g

당근채볶음	조리전 가식부 35g							
영양소	에너지 (kcal)	단백질 (g)	지방 (g)	탄수화물 (g)	비타민A (μg RE)	비타민C (mg)	칼슘 (mg)	철 (mg)
함유량	38	0.4	3.0	2.7	440	2.1	13.1	0.25
일일 권장량 (%)	5~11 개월				126	6	4	3
	1~3 세				126	5	3	3
	4~6 세				110	4	2	3

무, 나박썰기	가식부 35g							
영양소	에너지 (kcal)	단백질 (g)	지방 (g)	탄수화물 (g)	비타민A (μg RE)	비타민C (mg)	칼슘 (mg)	철 (mg)
함유량	6	0.3	0	1.3	2.8	5.3	9.1	0.25
일일 권장량 (%)	5~11 개월				1	15	3	3
	1~3 세				1	13	2	3
	4~6 세				1	11	2	3

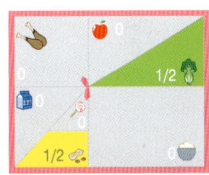

무나물 조리전 가식부 35g							
영양소	에너지 (kcal)	단백질 (g)	지방 (g)	탄수화물 (g)	비타민A (μg RE)	비타민C (mg)	칼슘 (mg)	철 (mg)
함유량	30	0.4	2.6	1.5	5.2	5.8	12.1	0.28
일일 권장량 (%) 5~11 개월					1	16	4	4
일일 권장량 (%) 1~3 세					1	14	2	4
일일 권장량 (%) 4~6 세					1	12	2	3

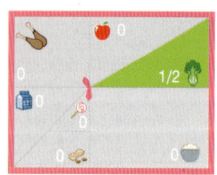

영양소	에너지 (kcal)	단백질 (g)	지방 (g)	탄수화물 (g)	비타민A (μg RE)	비타민C (mg)	칼슘 (mg)	철 (mg)
미역, 불린것 가식부 35g								
함유량	6	0.7	0.1	1.0	81.6	5.6	32.2	0.53
일일 권장량 (%) 5~11 개월					23	16	11	7
1~3 세					23	14	6	7
4~6 세					20	11	5	6

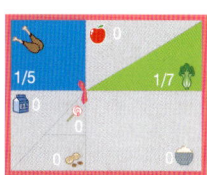

영양소	에너지 (kcal)	단백질 (g)	지방 (g)	탄수화물 (g)	비타민A (μg RE)	비타민C (mg)	칼슘 (mg)	철 (mg)
미역국 100ml								
함유량	22	2.1	1.1	1.0	2.6	0.5	19.8	0.35
일일 권장량 (%)	5~11 개월				1	3	7	4
	: 1~3 세				1	3	4	4
	4~6 세				1	2	2	4

브로컬리 가식부 35g							
영양소	에너지 (kcal)	단백질 (g)	지방 (g)	탄수화물 (g)	비타민A (μg RE)	비타민C (mg)	칼슘 (mg)	철 (mg)
함유량	10	1.8	0.1	1.3	44.8	34.3	22.4	0.53
일일 권장량 (%) 5~11 개월					13	98	7	7
일일 권장량 (%) 1~3 세					13	86	4	7
일일 권장량 (%) 4~6 세					11	69	4	6

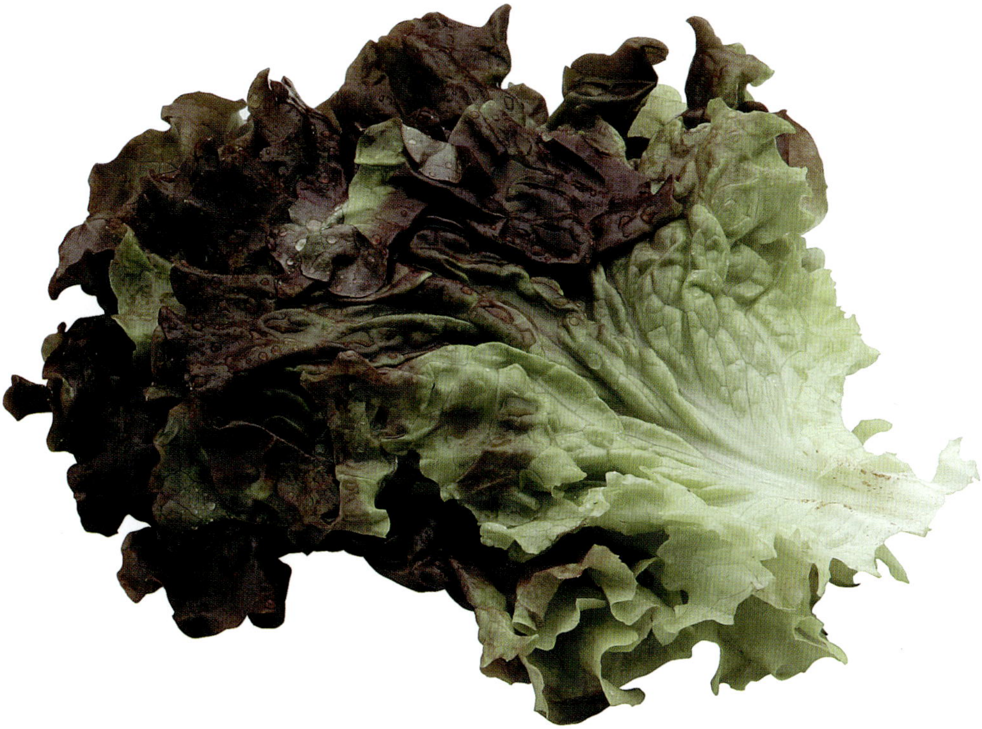

상추 가식부 18g								
영양소	에너지 (kcal)	단백질 (g)	지방 (g)	탄수화물 (g)	비타민A (μg RE)	비타민C (mg)	칼슘 (mg)	철 (mg)
함유량	3	0.2	0.1	0.6	65.7	3.4	10.1	0.38
일일 권장량 (%)	5~11 개월				19	10	3	5
	1~3 세				19	9	2	5
	4~6 세				16	7	2	4

시금치	가식부 35g							
영양소	에너지 (kcal)	단백질 (g)	지방 (g)	탄수화물 (g)	비타민A (μg RE)	비타민C (mg)	칼슘 (mg)	철 (mg)
함유량	11	1.1	0.2	1.8	212.5	21.0	14.0	0.91
일일 권장량 (%)	5~11 개월				61	60	5	11
	1~3 세				61	53	3	11
	4~6 세				53	42	2	10

시금치무침 조리전 가식부 35g								
영양소	에너지 (kcal)	단백질 (g)	지방 (g)	탄수화물 (g)	비타민A (μg RE)	비타민C (mg)	칼슘 (mg)	철 (mg)
함유량	17	1.2	0.8	2.0	212.5	21.0	16.7	0.95
일일 권장량 (%)	5~11 개월				61	60	6	12
	1~3 세				61	53	3	12
	4~6 세				53	42	3	11

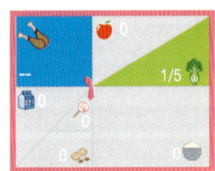

시금치된장국	100ml							
영양소	에너지 (kcal)	단백질 (g)	지방 (g)	탄수화물 (g)	비타민A (μg RE)	비타민C (mg)	칼슘 (mg)	철 (mg)
함유량	9	0.91	0.2	1.2	92.3	9.2	13.7	0.45
일일 권장량 (%)	5~11 개월				26	26	5	6
	1~3 세				26	23	3	6
	4~6 세				23	18	2	5

아욱, 생것 가식부 25g								
영양소	에너지 (kcal)	단백질 (g)	지방 (g)	탄수화물 (g)	비타민A (μg RE)	비타민C (mg)	칼슘 (mg)	철 (mg)
함유량	5	0.9	0.2	0.4	285.8	12.0	23.5	0.50
일일 권장량 (%)	5~11 개월				82	34	8	6
	1~3 세				82	30	5	6
	4~6 세				71	24	4	6

양파	가식부 25g							
영양소	에너지 (kcal)	단백질 (g)	지방 (g)	탄수화물 (g)	비타민A (μg RE)	비타민C (mg)	칼슘 (mg)	철 (mg)
함유량	9	0.3	0.1	2.0	0	2.0	3.8	0.08
일일 권장량 (%)	5~11 개월				0	6	1	1
	1~3 세				0	5	1	1
	4~6 세				0	4	1	1

영양소	에너지 (kcal)	단백질 (g)	지방 (g)	탄수화물 (g)	비타민A (μg RE)	비타민C (mg)	칼슘 (mg)	철 (mg)
양파볶음 조리전 가식부 25g								
함유량	30	0.4	2.3	2.3	50.3	2.2	10.0	0.15
일일 권장량 (%)	5~11 개월				14	6	3	2
	1~3 세				14	6	2	2
	4~6 세				13	4	2	2

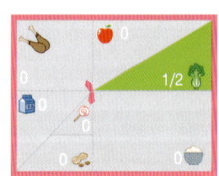

오이	가식부 35g							
영양소	에너지 (kcal)	단백질 (g)	지방 (g)	탄수화물 (g)	비타민A (μg RE)	비타민C (mg)	칼슘 (mg)	철 (mg)
함유량	3	0.3	0	0.6	8.4	3.5	7.0	0.11
일일 권장량 (%)	5~11 개월				2	10	2	1
	1~3 세				2	9	1	1
	4~6 세				2	7	1	1

영양소	에너지 (kcal)	단백질 (g)	지방 (g)	탄수화물 (g)	비타민A (μg RE)	비타민C (mg)	칼슘 (mg)	철 (mg)
함유량	12	0.4	0.4	2.0	10.1	4.4	11.8	0.18
일일 권장량 (%) 5~11 개월					3	13	4	2
1~3 세					3	11	2	2
4~6 세					3	9	2	2

오이무침 조리전 가식부 35g

양송이	가식부 35g							
영양소	에너지 (kcal)	단백질 (g)	지방 (g)	탄수화물 (g)	비타민A (µg RE)	비타민C (mg)	칼슘 (mg)	철 (mg)
함유량	6	1.4	0.1	0.5	0	1.1	2.1	0.35
일일 권장량 (%)	5~11 개월				0	3	1	4
	1~3 세				0	3	0	4
	4~6 세				0	2	0	4

콩나물 가식부 35g								
영양소	에너지 (kcal)	단백질 (g)	지방 (g)	탄수화물 (g)	비타민A (μg RE)	비타민C (mg)	칼슘 (mg)	철 (mg)
함유량	11	1.8	0.5	0.6	0	2.8	10.9	0.21
일일 권장량 (%)	5~11 개월				0	8	4	3
	1~3 세				0	7	2	3
	4~6 세				0	6	2	2

콩나물무침 조리전 가식부 35g							
영양소	에너지 (kcal)	단백질 (g)	지방 (g)	탄수화물 (g)	비타민A (μg RE)	비타민C (mg)	칼슘 (mg)	철 (mg)
함유량	20	2.0	1.3	1.0	3.8	3.2	16.6	0.34
일일 권장량 (%)	5~11 개월				1	10	6	4
	1~3 세				1	8	4	4
	4~6 세				1	6	3	4

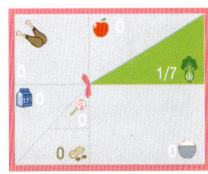

콩나물국 100ml								
영양소	에너지 (kcal)	단백질 (g)	지방 (g)	탄수화물 (g)	비타민A (μg RE)	비타민C (mg)	칼슘 (mg)	철 (mg)
함유량	5	0.9	0.2	0.3	1.1	1.0	15.2	0.12
일일 권장량 (%)	5~11 개월				0	3	5	2
	1~3 세				0	3	3	2
	4~6 세				0	2	2	1

팽이버섯 가식부 35g								
영양소	에너지 (kcal)	단백질 (g)	지방 (g)	탄수화물 (g)	비타민A (μg RE)	비타민C (mg)	칼슘 (mg)	철 (mg)
함유량	11	1.0	0.1	2.2	0	4.2	0.7	0.35
일일 권장량 (%)	5~11 개월				0	12	0	4
	1~3 세				0	11	0	4
	4~6 세				0	8	0	4

영양소	에너지 (kcal)	단백질 (g)	지방 (g)	탄수화물 (g)	비타민A (μg RE)	비타민C (mg)	칼슘 (mg)	철 (mg)
팽이버섯무침 조리전 가식부 35g								
함유량	18	1.1	0.8	2.3	0	0.7	5.3	0.39
일일 권장량 (%)	5~11 개월				0	2	2	5
	1~3 세				0	2	1	5
	4~6 세				0	1	1	4

표고버섯 가식부 25g								
영양소	에너지 (kcal)	단백질 (g)	지방 (g)	탄수화물 (g)	비타민A (μg RE)	비타민C (mg)	칼슘 (mg)	철 (mg)
함유량	7	0.5	0.1	1.4	0	0	1.5	0.15
일일 권장량 (%)	5~11 개월				0	0	1	2
	1~3 세				0	0	0	2
	4~6 세				0	0	0	2

영양소	에너지 (kcal)	단백질 (g)	지방 (g)	탄수화물 (g)	비타민A (μg RE)	비타민C (mg)	칼슘 (mg)	철 (mg)
표고버섯볶음 조리전 가식부 25g								
함유량	29	0.6	2.2	1.4	0	1.3	4.7	0.36
일일 권장량 (%)	5~11 개월				0	4	2	4
	1~3 세				0	3	1	4
	4~6 세				0	3	1	4

호박전	조리전 가식부 35g							
영양소	에너지 (kcal)	단백질 (g)	지방 (g)	탄수화물 (g)	비타민A (μg RE)	비타민C (mg)	칼슘 (mg)	철 (mg)
함유량	81	3.1	5.1	6.5	37.5	12.3	16.3	0.46
일일 권장량 (%)	5~11 개월				11	35	5	6
	1~3 세				11	31	3	6
	4~6 세				9	25	3	5

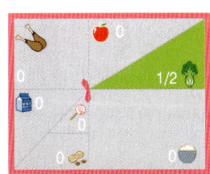

호박 가식부 35g								
영양소	에너지 (kcal)	단백질 (g)	지방 (g)	탄수화물 (g)	비타민A (μg RE)	비타민C (mg)	칼슘 (mg)	철 (mg)
함유량	13	0.4	0.1	3.3	9.5	12.3	6.7	0.11
일일 권장량 (%)	5~11 개월				3	35	2	1
	1~3 세				3	31	1	1
	4~6 세				2	25	1	1

영양소	에너지 (kcal)	단백질 (g)	지방 (g)	탄수화물 (g)	비타민A (μg RE)	비타민C (mg)	칼슘 (mg)	철 (mg)
단호박 가식부 20g								
함유량	6	0.3	0	1.3	38.2	3.8	4.4	0.08
일일 권장량 (%) 5~11 개월					11	11	1	1
1~3 세					11	10	1	1
4~6 세					10	8	1	1

김구이	조리전 가식부 1g							
영양소	에너지 (kcal)	단백질 (g)	지방 (g)	탄수화물 (g)	비타민A (μg RE)	비타민C (mg)	칼슘 (mg)	철 (mg)
함유량	7	0.4	0.5	0.4	37.5	0.9	3.5	0.18
일일 권장량 (%)	5~11 개월				11	3	1	2
	1~3 세				11	2	1	2
	4~6 세				9	2	1	2

과일군

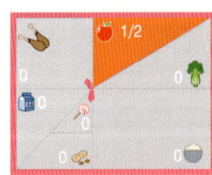

감	가식부 40g							
영양소	에너지 (kcal)	단백질 (g)	지방 (g)	탄수화물 (g)	비타민A (㎍ RE)	비타민C (mg)	칼슘 (mg)	철 (mg)
함유량	18	0.2	0	4.6	9.2	20.0	3.2	0.12
일일 권장량 (%)	5~11 개월				3	57	1	2
	1~3 세				3	50	1	2
	4~6 세				2	40	1	1

귤	가식부 50g							
영양소	에너지 (kcal)	단백질 (g)	지방 (g)	탄수화물 (g)	비타민A (μg RE)	비타민C (mg)	칼슘 (mg)	철 (mg)
함유량	19	0.4	0.1	4.7	2.5	27.0	7.0	0.20
일일 권장량 (%)	5~11 개월				1	77	2	3
	1~3 세				1	68	1	3
	4~6 세				1	54	1	2

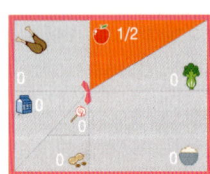

영양소	에너지 (kcal)	단백질 (g)	지방 (g)	탄수화물 (g)	비타민A (μg RE)	비타민C (mg)	칼슘 (mg)	철 (mg)
함유량	19	0.4	0.1	4.7	2.5	27.0	7.0	0.20
일일 권장량 (%) 5~11 개월					1	77	2	3
1~3 세					1	68	1	3
4~6 세					1	54	1	2

귤조각 가식부 50g

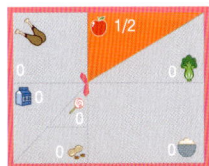

영양소	에너지 (kcal)	단백질 (g)	지방 (g)	탄수화물 (g)	비타민A (μg RE)	비타민C (mg)	칼슘 (mg)	철 (mg)
딸기 가식부 75g								
함유량	20	0.6	0.1	4.7	1.5	61.5	9.8	0.30
일일 권장량 (%) 5~11 개월						0	176	3	4
일일 권장량 (%) 1~3 세						0	154	2	4
일일 권장량 (%) 4~6 세						0	123	2	3

영양소	에너지 (kcal)	단백질 (g)	지방 (g)	탄수화물 (g)	비타민A (μg RE)	비타민C (mg)	칼슘 (mg)	철 (mg)
함유량	23	0.8	0.1	5.5	1.8	13.2	4.2	0.30
일일 권장량 (%)	5~11 개월				1	38	1	4
	1~3 세				1	33	1	4
	4~6 세				0	26	1	3

멜론 가식부 60g

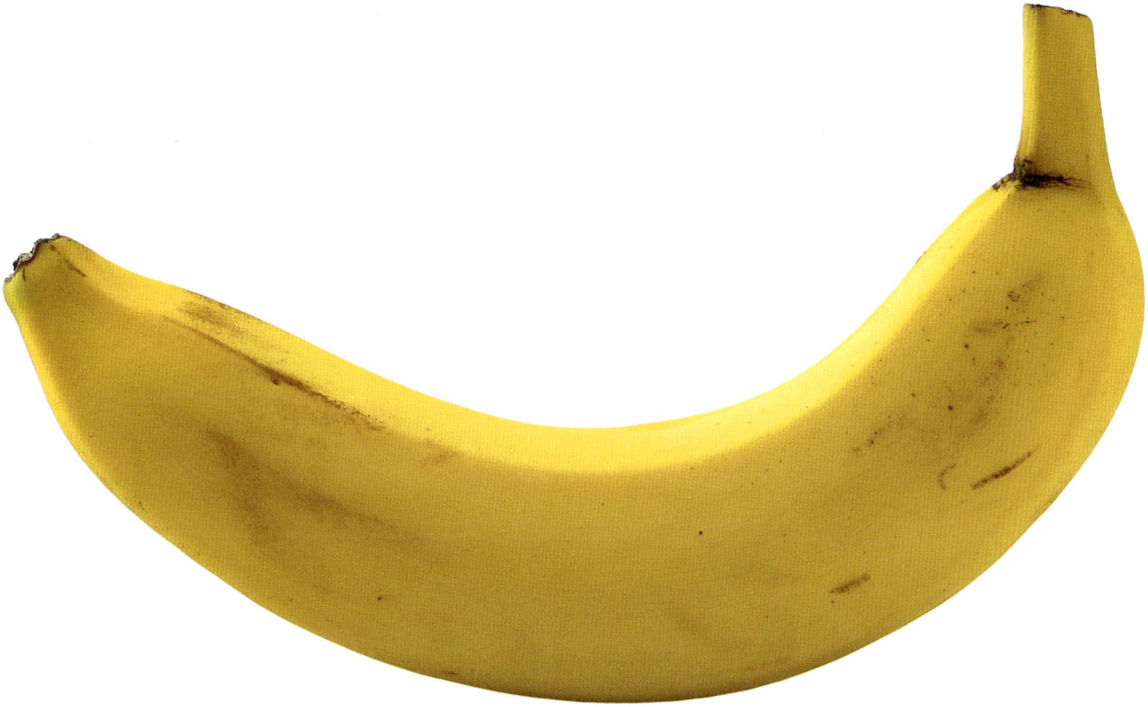

바나나 가식부 120g								
영양소	에너지 (kcal)	단백질 (g)	지방 (g)	탄수화물 (g)	비타민A (μg RE)	비타민C (mg)	칼슘 (mg)	철 (mg)
함유량	112	1.4	0.2	28.9	2.4	12.0	4.8	0.84
일일 권장량 (%)	5~11 개월				1	34	2	11
	1~3 세				1	30	1	11
	4~6 세				1	24	1	9

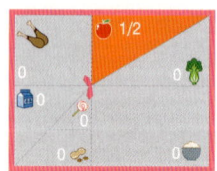

배 가식부 50g								
영양소	에너지 (kcal)	단백질 (g)	지방 (g)	탄수화물 (g)	비타민A (μg RE)	비타민C (mg)	칼슘 (mg)	철 (mg)
함유량	20	0.2	0.1	5.2	0	2.0	1.0	0.10
일일 권장량 (%)	5~11 개월				0	6	0	1
	1~3 세				0	5	0	1
	4~6 세				0	4	0	1

복숭아(천도) 가식부 200g								
영양소	에너지 ·(kcal)	단백질 (g)	지방 (g)	탄수화물 (g)	비타민A (μg RE)	비타민C (mg)	칼슘 (mg)	철 (mg)
함유량	66	2.4	0.4	15.2	4.0	12.0	12.0	1.00
일일 권장량 (%)	5~11 개월				1	34	4	13
	1~3 세				1	30	2	13
	4~6 세				1	24	2	11

복숭아통조림 50g								
영양소	에너지 (kcal)	단백질 (g)	지방 (g)	탄수화물 (g)	비타민A (μg RE)	비타민C (mg)	칼슘 (mg)	철 (mg)
함유량	30	0.2	0.1	8.0	8.5	0	2.0	0.10
일일 권장량 (%)	5~11 개월				2	0	1	1
	1~3 세				2	0	0	1
	4~6 세				2	0	0	1

사과	가식부 50g							
영양소	에너지 (kcal)	단백질 (g)	지방 (g)	탄수화물 (g)	비타민A (μg RE)	비타민C (mg)	칼슘 (mg)	철 (mg)
함유량	29	0.2	0.1	7.7	1.5	2.0	1.5	0.15
일일 권장량 (%)	5~11 개월				0	6	1	2
	1~3 세				0	5	0	2
	4~6 세				0	4	0	2

수박 가식부 125g								
영양소	에너지 (kcal)	단백질 (g)	지방 (g)	탄수화물 (g)	비타민A (μg RE)	비타민C (mg)	칼슘 (mg)	철 (mg)
함유량	39	1.3	0.4	9.4	32.5	7.5	7.5	0.38
일일 권장량 (%)	5~11 개월				9	21	3	5
	1~3 세				9	19	2	5
	4~6 세				8	15	1	4

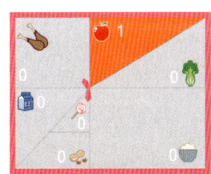

자두 가식부 80g								
영양소	에너지 (kcal)	단백질 (g)	지방 (g)	탄수화물 (g)	비타민A (μg RE)	비타민C (mg)	칼슘 (mg)	철 (mg)
함유량	27	0.7	0.2	6.7	4.0	3.2	4.8	0.36
일일 권장량 (%)	5~11 개월				1	9	2	5
	1~3 세				1	8	1	5
	4~6 세				1	6	1	4

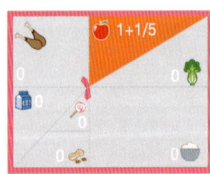

1+1/5

영양소	에너지 (kcal)	단백질 (g)	지방 (g)	탄수화물 (g)	비타민A (μg RE)	비타민C (mg)	칼슘 (mg)	철 (mg)
함유량	56	0.2	0.1	13.9	4.6	76.8	9.2	0.41
일일 권장량 (%) 5~11 개월					1	219	3	5
일일 권장량 (%) 1~3 세					1	192	2	5
일일 권장량 (%) 4~6 세					1	154	2	4

쥬스, 맑은 쥬스 120ml

쥬스, 오렌지쥬스 100ml								
영양소	에너지 (kcal)	단백질 (g)	지방 (g)	탄수화물 (g)	비타민A (μ g RE)	비타민C (mg)	칼슘 (mg)	철 (mg)
함유량	42	0.7	0.2	10.5	12.0	40.0	11.0	0.20
일일 권장량 (%)	5~11 개월				3	114	4	3
	1~3 세				3	100	2	3
	4~6 세				3	80	2	2

참외	가식부 60g							
영양소	에너지 (kcal)	단백질 (g)	지방 (g)	탄수화물 (g)	비타민A (μg RE)	비타민C (mg)	칼슘 (mg)	철 (mg)
함유량	19	0.6	0.1	4.4	0	13.2	3.6	0.18
일일 권장량 (%)	5~11 개월				0	38	1	2
	1~3 세				0	33	1	2
	4~6 세				0	26	1	2

체리토마토	가식부 125g							
영양소	에너지 (kcal)	단백질 (g)	지방 (g)	탄수화물 (g)	비타민A (μg RE)	비타민C (mg)	칼슘 (mg)	철 (mg)
함유량	18	1.1	0.1	3.6	301.3	26.3	17.5	0.5
일일 권장량 (%)	5~11 개월				86	75	6	6
	1~3 세				86	66	4	6
	4~6 세				75	53	3	6

· 키위, 골든키위 각각 50g(1/2교환) 사진임

키위 가식부 50g								
영양소	에너지 (kcal)	단백질 (g)	지방 (g)	탄수화물 (g)	비타민A (μg RE)	비타민C (mg)	칼슘 (mg)	철 (mg)
함유량	27	0.5	0.3	6.6	4.0	13.5	15.0	0.15
일일 권장량 (%)	5~11 개월				1	39	5	2
	1~3 세				1	34	3	2
	4~6 세				1	27	3	2

토마토 가식부 125g							
영양소	에너지 (kcal)	단백질 (g)	지방 (g)	탄수화물 (g)	비타민A (μg RE)	비타민C (mg)	칼슘 (mg)	철 (mg)
함유량	18	1.1	0.1	3.6	112.5	13.8	11.3	0.38
일일 권장량 (%)	5~11 개월				32	39	4	5
	1~3 세				32	34	2	5
	4~6 세				28	28	2	4

파인애플 가식부 50g								
영양소	에너지 (kcal)	단백질 (g)	지방 (g)	탄수화물 (g)	비타민A (μg RE)	비타민C (mg)	칼슘 (mg)	철 (mg)
함유량	12	0.2	0.1	3.0	0	7.5	5.0	0.20
일일 권장량 (%)	5~11 개월				0	21	2	3
	1~3 세				0	19	1	3
	4~6 세				0	15	1	2

포도(거봉) 가식부 50g								
영양소	에너지 (kcal)	단백질 (g)	지방 (g)	탄수화물 (g)	비타민A (μg RE)	비타민C (mg)	칼슘 (mg)	철 (mg)
함유량	27	0.25	0.0	7.5	1.5	1.0	3.0	0.2
일일 권장량 (%)	5~11 개월				0	3	1	2.5
	1~3 세				0	3	1	2.5
	4~6 세				0	2	1	2.2

포도(켐벨) 가식부 50g								
영양소	에너지 (kcal)	단백질 (g)	지방 (g)	탄수화물 (g)	비타민A (μg RE)	비타민C (mg)	칼슘 (mg)	철 (mg)
함유량	30	0.2	0.4	7.0	0	2.5	6.0	0.1
일일 권장량 (%)	5~11 개월				0	7	2	2
	1~3 세				0	7	1	2
	4~6 세				0	5	1	1

어육류군

고기, 닭고기 가슴살	가식부 20g						
영양소	에너지 (kcal)	단백질 (g)	지방 (g)	탄수화물 (g)	비타민A (μg RE)	비타민C (mg)	칼슘 (mg)	철 (mg)
함유량	22	4.6	0.2	0	8.0	0	0.6	0.36
일일 권장량 (%)	5~11 개월				2	0	0	2
	1~3 세				2	0	0	2
	4~6 세				2	0	0	2

고기, 닭고기 가슴살구이	가식부 20g							
영양소	에너지 (kcal)	단백질 (g)	지방 (g)	탄수화물 (g)	비타민A (μg RE)	비타민C (mg)	칼슘 (mg)	철 (mg)
함유량	22	4.6	0.2	0	8.0	0	0.6	0.36
일일 권장량 (%)	5~11 개월				2	0	0	5
	1~3 세				2	0	0	5
	4~6 세				2	0	0	4

고기, 닭튀김 34g							
영양소	에너지 (kcal)	단백질 (g)	지방 (g)	탄수화물 (g)	비타민A (μg RE)	비타민C (mg)	칼슘 (mg)	철 (mg)
함유량	53	5.1	2.5	2.4	4.2	0.2	5.2	0.23
일일 권장량 (%)	5~11 개월				1	1	2	3
	1~3 세				1	1	1	3
	4~6 세				1	0	1	3

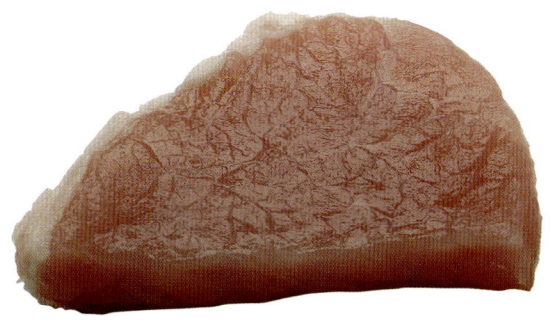

고기, 돼지고기 생것 20g							
영양소	에너지 (kcal)	단백질 (g)	지방 (g)	탄수화물 (g)	비타민A (μg RE)	비타민C (mg)	칼슘 (mg)	철 (mg)
함유량	47	4.2	3.2	0	1.0	0.4	1.4	0.32
일일 권장량 (%) 5~11 개월					1	1	1	4
일일 권장량 (%) 1~3 세					1	1	0	4
일일 권장량 (%) 4~6 세					0	1	0	4

고기, 돼지고기 등심수육 조리전 가식부 20g							
영양소	에너지 (kcal)	단백질 (g)	지방 (g)	탄수화물 (g)	비타민A (μg RE)	비타민C (mg)	칼슘 (mg)	철 (mg)
함유량	47	4.2	3.2	0	1.0	0.4	1.4	0.32
일일 권장량 (%)	5~11 개월				1	1	1	4
	1~3 세				1	1	0	4
	4~6 세				0	1	0	4

고기, 돈까스 32g								
영양소	에너지 (kcal)	단백질 (g)	지방 (g)	탄수화물 (g)	비타민A (μg RE)	비타민C (mg)	칼슘 (mg)	철 (mg)
함유량	94	5.6	5.9	4.6	8.8	0.4	5.8	0.48
일일 권장량 (%) 5~11 개월					3	1	2	6
일일 권장량 (%) 1~3 세					3	1	1	6
일일 권장량 (%) 4~6 세					2	1	1	5

고기, 쇠고기 생것 20g								
영양소	에너지 (kcal)	단백질 (g)	지방 (g)	탄수화물 (g)	비타민A (μg RE)	비타민C (mg)	칼슘 (mg)	철 (mg)
함유량	44	4.2	2.8	0	2.4	0.2	2.2	0.48
일일 권장량 (%)	5~11 개월				1	1	1	6
	1~3 세				1	1	0	6
	4~6 세				1	0	0	5

고기, 쇠고기 등심구이 조리전 가식부 20g								
영양소	에너지 (kcal)	단백질 (g)	지방 (g)	탄수화물 (g)	비타민A (㎍ RE)	비타민C (mg)	칼슘 (mg)	철 (mg)
함유량	44	4.2	2.8	0	2.4	0.2	2.2	0.48
일일 권장량 (%)	5~11 개월				1	1	1	6
	1~3 세				1	1	0	6
	4~6 세				1	0	0	5

고기, 쇠고기 불고기 조리전 가식부 20g								
영양소	에너지 (kcal)	단백질 (g)	지방 (g)	탄수화물 (g)	비타민A (μg RE)	비타민C (mg)	칼슘 (mg)	철 (mg)
함유량	50	4.5	2.0	3.5	2.7	1.8	6.5	0.65
일일 권장량 (%)	5~11 개월				1	5	2	8
	1~3 세				1	4	1	8
	4~6 세				1	4	1	7

고기, 완자전	조리전 가식부 20g							
영양소	에너지 (kcal)	단백질 (g)	지방 (g)	탄수화물 (g)	비타민A (μg RE)	비타민C (mg)	칼슘 (mg)	철 (mg)
함유량	104	6.3	6.9	4.0	78.3	20	27.9	1.0
일일 권장량 (%)	5~11 개월				22	6	9	13
	1~3 세				22	5	6	13
	4~6 세				20	4	5	11

난류, 계란말이	조리전 가식부 27.5g							
영양소	에너지 (kcal)	단백질 (g)	지방 (g)	탄수화물 (g)	비타민A (μg RE)	비타민C (mg)	칼슘 (mg)	철 (mg)
함유량	55	6.7	6.8	0.9	94.0	1.3	27.0	0.98
일일 권장량 (%)	5~11 개월				27	4	9	12
	1~3 세				27	3	5	12
	4~6 세				24	3	5	11

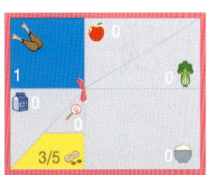

난류, 계란스크램블 조리전 가식부 55g								
영양소	에너지 (kcal)	단백질 (g)	지방 (g)	탄수화물 (g)	비타민A (μg RE)	비타민C (mg)	칼슘 (mg)	철 (mg)
함유량	113	7.0	9.1	0.6	85.8	0	26.3	0.99
일일 권장량 (%)	5~11 개월				25	0	9	12
	1~3 세				25	0	5	12
	4~6 세				21	0	4	11

난류, 달걀찜 조리전 가식부 27.5g							
영양소	에너지 (kcal)	단백질 (g)	지방 (g)	탄수화물 (g)	비타민A (㎍ RE)	비타민C (mg)	칼슘 (mg)	철 (mg)
함유량	43	3.5	3.0	0.3	42.9	0	12.9	0.50

일일 권장량 (%)		에너지	단백질	지방	탄수화물	비타민A	비타민C	칼슘	철
	5~11 개월					12	0	4	6
	1~3 세					12	0	3	6
	4~6 세					11	0	2	5

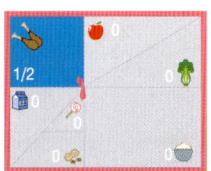

난류, 메추리알 20g								
영양소	에너지 (kcal)	단백질 (g)	지방 (g)	탄수화물 (g)	비타민A (μg RE)	비타민C (mg)	칼슘 (mg)	철 (mg)
함유량	34	2.5	2.4	0.3	86.4	0	14.4	0.96
일일 권장량 (%)	5~11 개월				25	0	5	12
	1~3 세				25	0	3	12
	4~6 세				22	0	2	11

두류, 콩 가식부 10g							
영양소	에너지 (kcal)	단백질 (g)	지방 (g)	탄수화물 (g)	비타민A (㎍ RE)	비타민C (mg)	칼슘 (mg)	철 (mg)
함유량	41	3.5	1.6	3.2	0	0	22.0	0.86

일일 권장량 (%)		비타민A	비타민C	칼슘	철
	5~11 개월	0	0	7	11
	1~3 세	0	0	4	11
	4~6 세	0	0	4	10

두류, 콩자반 조리전 가식부 10g								
영양소	에너지 (kcal)	단백질 (g)	지방 (g)	탄수화물 (g)	비타민A (μg RE)	비타민C (mg)	칼슘 (mg)	철 (mg)
함유량	50	3.7	1.7	5.3	0	0	22.0	0.94
일일 권장량 (%)	5~11 개월				0	0	7	12
	1~3 세				0	0	4	12
	4~6 세				0	0	4	10

두류, 두부 가식부 40g							
영양소	에너지 (kcal)	단백질 (g)	지방 (g)	탄수화물 (g)	비타민A (μg RE)	비타민C (mg)	칼슘 (mg)	철 (mg)
함유량	32	3.4	1.4	1.2	0	0	63.6	1.04
일일 권장량 (%)	5~11 개월				0	0	21	13
	1~3 세				0	0	13	13
	4~6 세				0	0	11	12

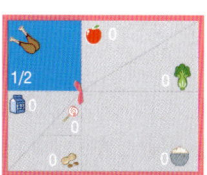

새우 마른것 가식부 7.5g								
영양소	에너지 (kcal)	단백질 (g)	지방 (g)	탄수화물 (g)	비타민A (μg RE)	비타민C (mg)	칼슘 (mg)	철 (mg)
함유량	22	4.3	0.3	0.3	0	0	157.5	0.27
일일 권장량 (%)	5~11 개월				0	0	53	3
	1~3 세				0	0	32	3
	4~6 세				0	0	26	3

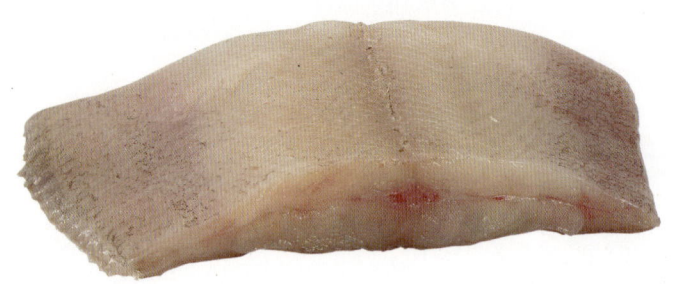

생선, 가자미	가식부 25g							
영양소	에너지 (kcal)	단백질 (g)	지방 (g)	탄수화물 (g)	비타민A (㎍ RE)	비타민C (mg)	칼슘 (mg)	철 (mg)
함유량	32	5.5	0.9	0.1	2.0	0.5	10.0	0.18
일일 권장량 (%)	5~11 개월				1	1	3	2
	1~3 세				1	1	2	2
	4~6 세				1	1	2	2

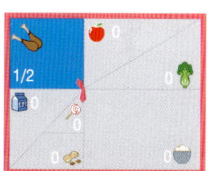

생선, 가자미구이 조리전 가식부 25g							
영양소	에너지 (kcal)	단백질 (g)	지방 (g)	탄수화물 (g)	비타민A (μg RE)	비타민C (mg)	칼슘 (mg)	철 (mg)
함유량	32	5.5	0.9	0.1	2.0	0.5	10.0	0.18
일일 권장량 (%)	5~11 개월				1	1	3	2
	1~3 세				1	1	2	2
	4~6 세				1	1	2	2

생선, 갈치 가식부 25g							
영양소	에너지 (kcal)	단백질 (g)	지방 (g)	탄수화물 (g)	비타민A (μg RE)	비타민C (mg)	칼슘 (mg)	철 (mg)
함유량	36	4.5	1.9	0	5.0	0.3	11.5	0.25
일일 권장량 (%)	5~11 개월				1	1	4	3
	1~3 세				1	1	2	3
	4~6 세				1	1	2	3

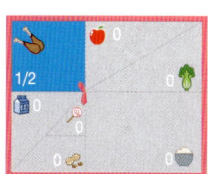

생선, 갈치구이		조리전 가식부 25g						
영양소	에너지 (kcal)	단백질 (g)	지방 (g)	탄수화물 (g)	비타민A (μg RE)	비타민C (mg)	칼슘 (mg)	철 (mg)
함유량	36	4.5	1.9	0	5.0	0.3	11.5	0.25
일일 권장량 (%)	5~11 개월				1	1	4	3
	1~3 세				1	1	2	3
	4~6 세				1	1	2	3

생선, 고등어	가식부 25g							
영양소	에너지 (kcal)	단백질 (g)	지방 (g)	탄수화물 (g)	비타민A (μg RE)	비타민C (mg)	칼슘 (mg)	철 (mg)
함유량	68	4.9	5.2	0.1	5.8	0.3	6.0	0.30
일일 권장량 (%)	5~11 개월				2	1	2	4
	1~3 세				2	1	1	4
	4~6 세				1	1	1	3

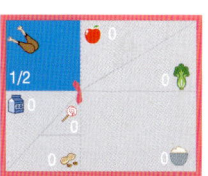

생선, 고등어구이 조리전 가식부 25g								
영양소	에너지 (kcal)	단백질 (g)	지방 (g)	탄수화물 (g)	비타민A (μg RE)	비타민C (mg)	칼슘 (mg)	철 (mg)
함유량	68	4.9	5.2	0.1	5.8	0.3	6.0	0.30
일일 권장량 (%)	5~11 개월				2	1	2	4
	1~3 세				2	1	1	4
	4~6 세				1	1	1	3

생선, 꽁치	가식부 25g							
영양소	에너지 (kcal)	단백질 (g)	지방 (g)	탄수화물 (g)	비타민A (μg RE)	비타민C (mg)	칼슘 (mg)	철 (mg)
함유량	66	5.1	4.9	0	5.3	0.3	11.0	0.38
일일 권장량 (%)	5~11 개월				2	1	4	5
	1~3 세				2	1	2	5
	4~6 세				1	1	2	4

생선, 꽁치구이		조리전 가식부 25g						
영양소	에너지 (kcal)	단백질 (g)	지방 (g)	탄수화물 (g)	비타민A (μg RE)	비타민C (mg)	칼슘 (mg)	철 (mg)
함유량	66	5.1	4.9	0	5.3	0.3	11.0	0.38
일일 권장량 (%)	5~11 개월				2	1	4	5
	1~3 세				2	1	2	5
	4~6 세				1	1	2	4

169

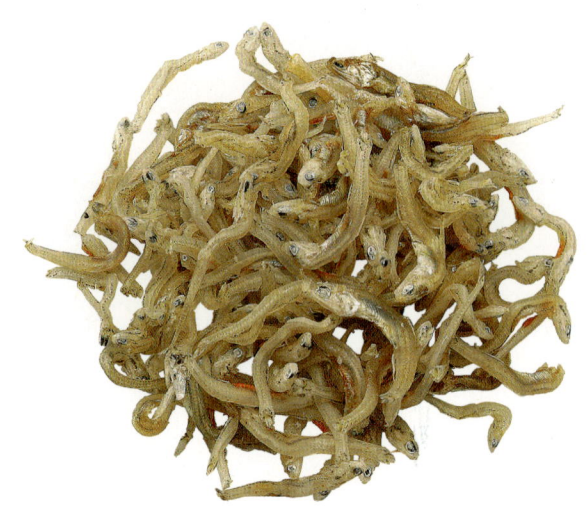

생선, 멸치마른것 가식부 7.5g								
영양소	에너지 (kcal)	단백질 (g)	지방 (g)	탄수화물 (g)	비타민A (㎍ RE)	비타민C (mg)	칼슘 (mg)	철 (mg)
함유량	18	3.3	0.4	0	0	0	68.5	0.5
일일 권장량 (%)	5~11 개월				0	0	23	6
	1~3 세				0	0	14	6
	4~6 세				0	0	11	6

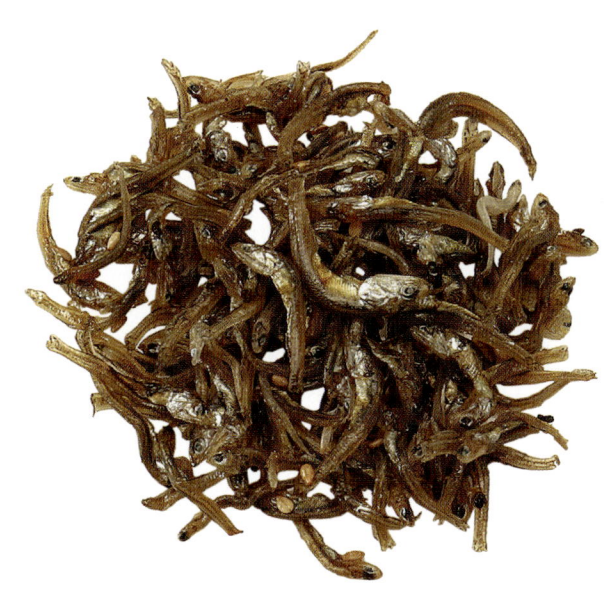

생선, 멸치볶음 25g								
영양소	에너지 (kcal)	단백질 (g)	지방 (g)	탄수화물 (g)	비타민A (μg RE)	비타민C (mg)	칼슘 (mg)	철 (mg)
함유량	34	3.5	1.3	1.9	0	0.1	71.3	0.56
일일 권장량 (%)	5~11 개월				0	0	24	7
	1~3 세				0	0	14	7
	4~6 세				0	0	12	6

생선, 삼치	가식부 25g							
영양소	에너지 (kcal)	단백질 (g)	지방 (g)	탄수화물 (g)	비타민A (μg RE)	비타민C (mg)	칼슘 (mg)	철 (mg)
함유량	45	4.8	2.7	0	3.0	0	7.9	0.26
일일 권장량 (%)	5~11 개월				1	0	1	1
	1~3 세				1	0	1	1
	4~6 세				1	0	1	1

생선, 삼치구이 조리전 가식부 25g								
영양소	에너지 (kcal)	단백질 (g)	지방 (g)	탄수화물 (g)	비타민A (μg RE)	비타민C (mg)	칼슘 (mg)	철 (mg)
함유량	45	4.8	2.7	0	3.0	0	7.9	0.26
일일 권장량 (%)	5~11 개월				1	0	1	1
	1~3 세				1	0	1	1
	4~6 세				1	0	1	1

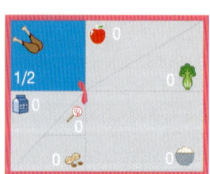

생선, 북어포		가식부 7.5g						
영양소	에너지 (kcal)	단백질 (g)	지방 (g)	탄수화물 (g)	비타민A (μg RE)	비타민C (mg)	칼슘 (mg)	철 (mg)
함유량	26	5.6	0.3	0	0	0	18.2	0.19
일일 권장량 (%)	5~11 개월				0	0	6	2
	1~3 세				0	0	4	2
	4~6 세				0	0	3	2

생선, 생선전 25g								
영양소	에너지 (kcal)	단백질 (g)	지방 (g)	탄수화물 (g)	비타민A (μg RE)	비타민C (mg)	칼슘 (mg)	철 (mg)
함유량	63	4.9	3.7	2.3	10.1	0	15.1	0.17
일일 권장량 (%)	5~11 개월				3	0	5	2
	1~3 세				3	0	3	2
	4~6 세				3	0	3	2

생선, 조기 가식부 25g							
영양소	에너지 (kcal)	단백질 (g)	지방 (g)	탄수화물 (g)	비타민A (μg RE)	비타민C (mg)	칼슘 (mg)	철 (mg)
함유량	35	4.8	1.6	0	3.8	0.3	9.0	0.23
일일 권장량 (%)	5~11 개월				1	1	3	3
	1~3 세				1	1	2	3
	4~6 세				1	1	2	3

생선, 조기구이 조리전 가식부 25g								
영양소	에너지 (kcal)	단백질 (g)	지방 (g)	탄수화물 (g)	비타민A (μ g RE)	비타민C (mg)	칼슘 (mg)	철 (mg)
함유량	35	4.8	1.6	0	3.8	0.3	9.0	0.23
일일 권장량 (%)	5~11 개월				1	1	3	3
	1~3 세				1	1	2	3
	4~6 세				1	1	2	3

생선, 참치통조림 25g							
영양소	에너지 (kcal)	단백질 (g)	지방 (g)	탄수화물 (g)	비타민A (μ g RE)	비타민C (mg)	칼슘 (mg)	철 (mg)
함유량	58	4.9	4.1	0	0	0	1.5	0.28
일일 권장량 (%)	5~11 개월				0	0	1	3
	1~3 세				0	0	0	3
	4~6 세				0	0	0	3

어묵 25g							
영양소	에너지 (kcal)	단백질 (g)	지방 (g)	탄수화물 (g)	비타민A (μg RE)	비타민C (mg)	칼슘 (mg)	철 (mg)
함유량	25	2.6	0.2	3.1	0	0	10.5	0.23
일일 권장량 (%)	5~11 개월				0	0	4	3
	1~3 세				0	0	2	3
	4~6 세				0	0	2	3

오징어숙회 조리전 가식부 25g							
영양소	에너지 (kcal)	단백질 (g)	지방 (g)	탄수화물 (g)	비타민A (μg RE)	비타민C (mg)	칼슘 (mg)	철 (mg)
함유량	22	6.4	0.4	0	0	0	6.0	0.11
일일 권장량 (%)	5~11 개월				0	0	2	1
	1~3 세				0	0	1	1
	4~6 세				0	0	1	1

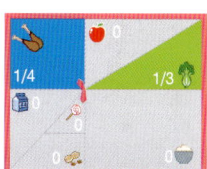

찌게(국), 동태찌게 100ml								
영양소	에너지 (kcal)	단백질 (g)	지방 (g)	탄수화물 (g)	비타민A (μg RE)	비타민C (mg)	칼슘 (mg)	철 (mg)
함유량	49	7.1	1.2	2.2	30.5	4.4	51.0	0.91
일일 권장량 (%)	5~11 개월				9	13	17	11
	1~3 세				9	11	10	11
	4~6 세				8	9	9	10

영양소	에너지 (kcal)	단백질 (g)	지방 (g)	탄수화물 (g)	비타민A (μg RE)	비타민C (mg)	칼슘 (mg)	철 (mg)
함유량	33	3.1	1.1	2.5	4.0	2.9	62.5	0.87
일일 권장량 (%) 5~11 개월					1	8	21	11
일일 권장량 (%) 1~3 세					1	7	12	11
일일 권장량 (%) 4~6 세					1	6	10	10

찌게(국), 두부된장국 100ml

찌게(국), 북어국 100ml								
영양소	에너지 (kcal)	단백질 (g)	지방 (g)	탄수화물 (g)	비타민A (μg RE)	비타민C (mg)	칼슘 (mg)	철 (mg)
함유량	32	4.3	1.4	0.4	9.8	0.4	22.0	0.42
일일 권장량 (%)	5~11 개월				3	1	11	5
	1~3 세				3	1	6	5
	4~6 세				2	1	5	5

영양소	에너지 (kcal)	단백질 (g)	지방 (g)	탄수화물 (g)	비타민A (μg RE)	비타민C (mg)	칼슘 (mg)	철 (mg)
함유량	53	2.2	0.9	8.7	2.5	0.6	6.6	0.55
일일 권장량 (%)	5~11 개월				1	2	2	7
	1~3 세				1	2	1	7
	4~6 세				1	1	1	6

찌게(국), 사골국 100ml

찌게(국), 쇠고기무국 100ml								
영양소	에너지 (kcal)	단백질 (g)	지방 (g)	탄수화물 (g)	비타민A (μg RE)	비타민C (mg)	칼슘 (mg)	철 (mg)
함유량	24	2.3	0.8	2.0	13.0	7.5	14.3	0.55
일일 권장량 (%) 5~11 개월					4	21	5	7
일일 권장량 (%) 1~3 세					4	19	3	7
일일 권장량 (%) 4~6 세					3	15	2	6

찌게(국), 순두부찌게	100ml							
영양소	에너지 (kcal)	단백질 (g)	지방 (g)	탄수화물 (g)	비타민A (μg RE)	비타민C (mg)	칼슘 (mg)	철 (mg)
함유량	77	6.6	5.3	1.4	50.0	2.2	39.2	0.98
일일 권장량 (%) 5~11 개월					14	6	13	12
일일 권장량 (%) 1~3 세					14	6	8	12
일일 권장량 (%) 4~6 세					13	4	7	11

영양소	에너지 (kcal)	단백질 (g)	지방 (g)	탄수화물 (g)	비타민A (μg RE)	비타민C (mg)	칼슘 (mg)	철 (mg)
치즈(어린이용) 18g								
함유량	50	3.4	5.0	0.2	42.8	0	180.0	0.05
일일 권장량 (%)	5~11 개월				12	0	60	1
	1~3 세				12	0	36	1
	4~6 세				11	0	30	1

우유군

두유 1	200ml							
영양소	에너지 (kcal)	단백질 (g)	지방 (g)	탄수화물 (g)	비타민A (μg RE)	비타민C (mg)	칼슘 (mg)	철 (mg)
함유량	150	5.0	6.0	16.0	144.0	16.0	100.0	3.00
일일 권장량 (%)	5~11 개월				41	46	33	38
	1~3 세				41	40	20	38
	4~6 세				36	32	17	33

두유 2 180ml								
영양소	에너지 (kcal)	단백질 (g)	지방 (g)	탄수화물 (g)	비타민A (μg RE)	비타민C (mg)	칼슘 (mg)	철 (mg)
함유량	125	4.0	6.0	14.0	140.0	14.8	167.0	2.00
일일 권장량 (%)	5~11 개월				40	42	56	25
	1~3 세				40	37	33	25
	4~6 세				35	29	28	22

농후발효유

· 반품 및 교환: 지점, 공장 열
구입처 · 주문 및 고객상담실:
(02) 2127-2114 · 업소명 및
소재지: 매일유업(주)/ 평택공
장(F1): 경기도 평택시 진위면
가곡리480, 경산공장(F3): 경
북 경산시 진량읍 신상리 847
(제조공장F1, F3 표기) · 소비
자 피해보상 규정에 의거 교환
또는 보상받을 수 있습니다.

복숭아40%: 중국산),
음용시 반드시 스푼사용

발효유, 떠먹는 형태 1 100ml								
영양소	에너지 (kcal)	단백질 (g)	지방 (g)	탄수화물 (g)	비타민A (μg RE)	비타민C (mg)	칼슘 (mg)	철 (mg)
함유량	116	4.0	2.0	20.0	31.9	0	110.0	0.10
일일 권장량 (%)	5~11 개월				9	0	37	1
	1~3 세				9	0	22	1
	4~6 세				8	0	18	1

발효유, 떠먹는 형태 2	100ml							
영양소	에너지 (kcal)	단백질 (g)	지방 (g)	탄수화물 (g)	비타민A (μg RE)	비타민C (mg)	칼슘 (mg)	철 (mg)
함유량	99	3.2	2.7	16.0	29.0	0	105.0	0.10
일일 권장량 (%)	5~11 개월				8	0	35	1
	1~3 세				8	0	21	1
	4~6 세				7	0	18	1

발효유, 마시는 형태 1　65ml							
영양소	에너지 (kcal)	단백질 (g)	지방 (g)	탄수화물 (g)	비타민A (㎍ RE)	비타민C (mg)	칼슘 (mg)	철 (mg)
함유량	45	1.0	0.0	11.0	0.0	0.0	27.3	0.07
일일 권장량 (%) 5~11 개월					0	0	9.1	1
일일 권장량 (%) 1~3 세					0	0	5.5	1
일일 권장량 (%) 4~6 세					0	0	4.6	1

발효유, 마시는 형태 2 80ml								
영양소	에너지 (kcal)	단백질 (g)	지방 (g)	탄수화물 (g)	비타민A (μg RE)	비타민C (mg)	칼슘 (mg)	철 (mg)
함유량	64	1.6	0	14.4	0	14.4	34.4	0.08
일일 권장량 (%)	5~11 개월				0	41	11	1
	1~3 세				0	36	7	1
	4~6 세				0	29	6	1

3가지 기능 업그레이드

PRIME

Probiotics와 Prebiotics의 시너지 작용
- Probiotics : *Bifidobacterium, L. acidophilus*
- Prebiotics : 이소말토올리고당, 치커리올리고당, 식이섬유

150ml

발효유, 마시는 형태(농후) 150ml								
영양소	에너지 (kcal)	단백질 (g)	지방 (g)	탄수화물 (g)	비타민A (μg RE)	비타민C (mg)	칼슘 (mg)	철 (mg)
함유량	158	6.0	4.5	24.0	0		58.5	0.15
일일 권장량 (%)	5~11 개월				0	0	20	2
	1~3 세				0	0	12	2
	4~6 세				0	0	10	2

우유 100ml								
영양소	에너지 (kcal)	단백질 (g)	지방 (g)	탄수화물 (g)	비타민A (μg RE)	비타민C (mg)	칼슘 (mg)	철 (mg)
함유량	126	6.7	6.7	9.9	58.5	2.1	220.5	0.21
일일 권장량 (%)	5~11 개월				17	6	74	3
	1~3 세				17	6	45	3
	4~6 세				15	4	37	2

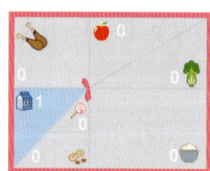

엄마젖 100ml								
영양소	에너지 (kcal)	단백질 (g)	지방 (g)	탄수화물 (g)	비타민A (μg RE)	비타민C (mg)	칼슘 (mg)	철 (mg)
함유량	70	0.9	4.1	7.3	44~59	5.2	29.4	0.02
일일 권장량 (%)	5~11 개월				13~17	15	10	0.3
	1~3 세				13~17	13	6	0.3
	4~6 세				--	--	--	--

조제유 100ml								
영양소	에너지 (kcal)	단백질 (g)	지방 (g)	탄수화물 (g)	비타민A (㎍ RE)	비타민C (mg)	칼슘 (mg)	철 (mg)
함유량	70	2.2	3.5	7.4	75.7	7.0	48	1.00
일일 권장량 (%)	5~11 개월				21.6	20	26	13
	1~3 세				21.6	18	16	13
	4~6 세				56	14	13	9

핑거푸드

1/4

영양소	에너지 (kcal)	단백질 (g)	지방 (g)	탄수화물 (g)	비타민A (μg RE)	비타민C (mg)	칼슘 (mg)	철 (mg)
고구마조각 조리전 가식부 25g								
함유량	32	0.4	0.1	7.6	4.8	6.3	6.0	0.13
일일 권장량 (%)	5~11 개월				1	18	2	2
	1~3 세				1	16	1	2
	4~6 세				1	13	1	1

당근조각 조리전 가식부 17g								
영양소	에너지 (kcal)	단백질 (g)	지방 (g)	탄수화물 (g)	비타민A (μg RE)	비타민C (mg)	칼슘 (mg)	철 (mg)
함유량	6	0.2	0	1.3	213.7	1.0	6.5	0.12
일일 권장량 (%)	5~11 개월				61	3	2	1
	1~3 세				61	3	1	1
	4~6 세				53	2	1	1

영양소	에너지 (kcal)	단백질 (g)	지방 (g)	탄수화물 (g)	비타민A (μg RE)	비타민C (mg)	칼슘 (mg)	철 (mg)
애호박조각 조리전 가식부 17g								
함유량	6	0.2	0	1.6	4.6	6.0	3.2	0.05
일일 권장량 (%) 5~11 개월					1	17	1	1
1~3 세					1	15	1	1
4~6 세					1	12	1	1

두부조각 40g								
영양소	에너지 (kcal)	단백질 (g)	지방 (g)	탄수화물 (g)	비타민A (μg RE)	비타민C (mg)	칼슘 (mg)	철 (mg)
함유량	32	3.4	1.4	1.2	0	0	63.6	1.04
일일 권장량 (%)	5~11 개월				0	0	21	13
	1~3 세				0	0	13	13
	4~6 세				0	0	11	12

영양소	에너지 (kcal)	단백질 (g)	지방 (g)	탄수화물 (g)	비타민A (μg RE)	비타민C (mg)	칼슘 (mg)	철 (mg)
당근밥 21g								
함유량	33	0.6	0.5	6.3	88.0	0.4	3.7	0.15
일일 권장량 (%) 5~11 개월					25	1	1	2
일일 권장량 (%) 1~3 세					25	1	1	2
일일 권장량 (%) 4~6 세					22	1	1	2

영양소	에너지 (kcal)	단백질 (g)	지방 (g)	탄수화물 (g)	비타민A (μg RE)	비타민C (mg)	칼슘 (mg)	철 (mg)
불고기밥 21g								
함유량	48	3.1	1.7	5.8	0.7	0.2	3.8	0.29
일일 권장량 (%)	5~11 개월				0	0	1	4
	1~3 세				0	0	1	4
	4~6 세				0	0	1	3

영양소	에너지 (kcal)	단백질 (g)	지방 (g)	탄수화물 (g)	비타민A (μg RE)	비타민C (mg)	칼슘 (mg)	철 (mg)
함유량	32	0.8	0.6	6.0	9.0	6.9	5.5	0.20
일일 권장량 (%)	5~11 개월				3	20	2	3
	1~3 세				3	17	1	3
	4~6 세				2	14	1	2

브로컬리밥 21g

치즈조각	15g							
영양소	에너지 (kcal)	단백질 (g)	지방 (g)	탄수화물 (g)	비타민A (µg RE)	비타민C (mg)	칼슘 (mg)	철 (mg)
함유량	50	2.9	4.2	0.2	35.7	0	150.0	0.05
일일 권장량 (%)	5~11 개월				10	0	50	1
	1~3 세				10	0	30	1
	4~6 세				9	0	25	1

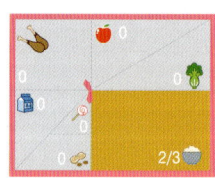

토스트조각	23g							
영양소	에너지 (kcal)	단백질 (g)	지방 (g)	탄수화물 (g)	비타민A (μg RE)	비타민C (mg)	칼슘 (mg)	철 (mg)
함유량	64	2.1	1.3	10.8	0.5	0	6.4	0.21
일일 권장량 (%)	5~11 개월				0	0	2	3
	1~3 세				0	0	1	3
	4~6 세				0	0	1	2

부록

군	식품명	식품중량	에너지 (kcal)	단백질 (g)	지방 (g)	탄수화물 (kcal)
곡류	감자	가식부 65	36	1.6	0.1	7.5
곡류	감자채볶음	조리전 가식부 65	86	1.9	5.1	8.8
곡류	감자튀김	33	62	0.8	5.0	3.8
곡류	고구마	가식부 50	64	0.7	0.1	15.2
곡+당류	과자,계란과자	11	50	0.7	1.6	8.1
곡+당류	과자,마가렛트	10	50	0.8	2.7	5.8
곡+당류	과자,바나나킥	12	50	0.5	0.8	10.2
곡+당류	과자,바이오캔디	13	56	0.3	0.2	10.1
곡+당류	과자,베베	11	43	1.0	0.6	8.5
곡+당류	과자,베이키	20	69	1.3	3.0	9.4
곡+당류	과자,뽀또	12	65	1.4	3.1	7.6
곡+당류	과자,새우깡	10	50	0.6	2.5	6.0
곡+당류	과자,웨하스	10	50	0.5	2.1	7.1
곡+당류	과자,죠리퐁	11	57	0.8	2.9	7.0
곡+당류	과자,카스타드	24	114	1.4	6.4	12.3
곡+당류	과자,카스텔라	15	48	1.0	1.3	8.2
곡류	국수,국수장국	100ml	73	3.4	0.8	12.5
곡류	국수,물만두	53	73	4.7	2.8	7.9
곡류	국수,소면,삶은것	43	55	1.8	0.1	11.2
곡류	국수,수제비	45	67	2.7	0.3	14.4
곡류	국수,자장면	100ml	207	6.9	5.3	31.5
곡류	국수,칼국수	100ml	107	6.0	2.3	16.8
곡류	녹두빈대떡	45	118	5.3	6.5	9.9
곡류	떡,떡국	100ml	78	2.7	1.3	13.4
곡류	떡,떡국떡	25	60	1.0	0.2	13.1
곡류	떡,떡볶이떡	25	58	1.2	0.1	12.8
곡류	떡,호박설기	25	34	0.7	0.1	7.5

비타민 A (μg RE)	비타민 E (mg)	비타민 B1 (mg)	비타민 B2 (mg)	나이아신 (mg)	비타민 C (mg)	엽산 (μg)	칼슘 (mg)	철분 (mg)	아연 (mg)	나트륨 (mg)
0.0	0.00	0.05	0.02	0.85	13.7	8.6	3.9	0.52	0.27	2
2.4	5.16	0.06	0.02	0.88	15.3	11.3	8.1	0.59	0.31	406
0.0	5.16	0.03	0.01	0.43	6.9	4.6	2.4	0.27	0.14	337
9.5	0.50	0.03	0.03	0.35	12.5	26.0	12.0	0.25	0.14	8
0.0	0.33	0.05	0.03	0.40	0.0	1.5	2.0	0.30	0.12	46
53.0	0.20	0.01	0.00	0.05	0.0	0.6	2.7	0.11	0.06	20
0.2	0.72	0.01	0.00	0.05	0.5	1.0	12.1	0.05	0.04	17
0.0	0.00	0.00	0.00	0.00	0.0	0.0	4.8	0.01	0.00	0
1.0	0.22	0.02	0.05	0.30	0.0	0.9	10.0	0.30	0.06	29
16.4	1.20	0.01	0.02	0.02	0.0	6.0	6.8	0.18	0.02	34
0.0	0.39	0.06	0.04	0.77	0.0	1.8	12.6	0.39	0.14	122
0.4	0.60	0.00	0.00	0.04	0.0	0.8	10.7	0.11	0.03	70
0.3	0.20	0.01	0.01	0.04	0.0	2.0	3.3	0.05	0.08	14
0.9	0.66	0.00	0.00	0.04	0.4	0.9	0.2	0.03	0.03	55
18.0	0.00	0.01	0.04	0.05	0.0	2.4	11.3	1.49	0.13	24
9.0	0.00	0.01	0.01	0.03	0.0	2.1	6.6	0.18	0.08	16
12.2	0.35	0.04	0.07	0.54	4.0	6.2	41.6	0.58	0.32	253
11.1	0.28	0.07	0.04	0.69	1.3	6.1	23.4	0.66	0.38	117
0.0	0.00	0.03	0.05	0.21	0.0	3.9	5.9	0.32	0.21	1
10.7	0.15	0.06	0.03	0.58	5.9	12.3	19.6	0.44	0.24	176
4.7	3.23	0.07	0.04	0.89	3.6	9.8	17.2	0.79	0.40	354
34.8	1.00	0.07	0.06	1.02	11.7	6.9	99.3	1.25	0.37	979
8.2	5.42	0.08	0.05	0.85	2.6	63.2	16.0	0.95	0.41	159
13.5	0.12	0.02	0.03	0.69	0.4	2.3	5.3	0.35	0.24	246
0.0	0.00	0.01	0.00	0.45	0.0	0.2	1.0	0.13	0.09	45
0.0	0.00	0.03	0.01	1.25	0.0	0.2	0.5	0.13	0.09	0
22.9	0.24	0.01	0.01	0.20	2.3	1.2	3.4	0.11	0.41	31

군	식품명	식품중량	에너지 (kcal)	단백질 (g)	지방 (g)	탄수화물 (kcal)
곡류	묵,도토리묵	100	43	0.2	0.2	10.1
곡류	묵,도토리묵무침	조리전 100	67	1.2	2.2	11.0
곡류	묵,청포묵	50	19	0.1	0.0	4.5
곡류	묵,청포묵무침	조리전 50	26	0.3	0.7	4.7
곡류	미숫가루	7.5	30	0.7	0.1	6.2
곡류	밤	가식부 30	49	1.0	0.2	10.7
곡류	밥,김밥1	40	90	2.6	3.0	12.8
곡류	밥,김밥2	25	57	1.6	1.8	8.3
곡류	밥,쇠고기볶음밥	70	94	3.6	3.0	13.0
곡류	밥,쌀밥	70	104	2.0	0.1	23.0
곡류	밥,쌀밥, 수저	17.5	26	0.5	0.0	5.8
곡류	밥,쌀밥, 아기수저	4.5	5	0.1	0.0	1.2
곡류	밥,잡곡밥	70	115	2.8	0.3	24.4
곡류	식빵	35	97	3.3	2.0	16.4
곡류	옥수수	가식부 25	35	1.2	0.3	7.2
곡류	옥수수통조림	18	15	0.4	0.2	3.2
곡류	죽,닭죽	100ml	66	4.0	0.2	11.5
곡류	죽,버섯죽	100ml	75	1.9	0.1	16.0
곡류	죽,쇠고기야채죽	100ml	92	3.4	1.3	16.5
곡류	죽,쌀미음(10배죽)	100ml	35	0.7	0.0	7.7
곡류	죽,쌀죽(6배죽)	100ml	63	1.2	0.1	13.8
곡류	죽,쌀죽, 수저	17.5	10	0.2	0.0	2.3
곡류	죽,쌀죽, 아기수저1	5	3	0.1	0.0	0.8
곡류	죽,쌀죽, 아기수저2	4.5	3	0.1	0.0	0.6
곡류	죽,잣죽	100ml	123	2.5	5.5	16.2
곡류	죽,호박죽	100ml	94	2.5	0.2	20.5
채소	가지	가식부 35	6	0.3	0.0	1.3

비타민 A (μg RE)	비타민 E (mg)	비타민 B1 (mg)	비타민 B2 (mg)	나이아신 (mg)	비타민 C (mg)	엽산 (μg)	칼슘 (mg)	철분 (mg)	아연 (mg)	나트륨 (mg)
0.0	0.00	0.01	0.02	0.00	0.0	9.4	6.0	0.40	0.09	55
3.9	0.53	0.02	0.03	0.17	0.7	12.4	21.2	0.71	0.22	582
0.0	0.00	0.00	0.00	0.10	0.0	18.6	2.5	0.20	0.11	9
10.5	0.17	0.01	0.01	0.17	0.2	25.8	7.8	0.32	0.17	46
0.0	0.00	0.01	0.01	0.00	0.0	0.5	2.9	0.15	0.09	0
2.4	0.00	0.08	0.02	0.30	3.6	14.5	8.4	0.48	0.18	1
81.5	1.36	0.04	0.05	0.47	3.1	13.4	11.0	0.58	0.41	139
56.0	0.85	0.02	0.04	0.28	1.9	9.5	6.5	0.37	0.26	99
103.9	1.34	0.04	0.07	1.23	3.6	4.2	8.2	0.60	0.59	8
0.0	0.00	0.03	0.01	0.42	0.0	1.1	1.1	0.11	0.45	1
0.0	0.00	0.01	0.00	0.11	0.0	0.3	0.3	0.03	0.11	0
0.0	0.00	0.00	0.00	0.02	0.0	0.1	0.1	0.01	0.02	0
0.0	0.10	0.05	0.02	0.64	0.0	16.7	8.2	0.34	0.61	1
0.7	0.70	0.03	0.02	0.39	0.0	10.5	9.8	0.32	0.26	93
2.3	0.25	0.06	0.03	0.65	1.0	2.8	5.3	0.55	0.23	0
0.9	0.18	0.01	0.01	0.22	0.7	6.9	0.5	0.07	0.07	44
0.7	0.00	0.02	0.02	1.67	0.1	1.1	3.5	0.13	0.33	9
0.0	0.00	0.04	0.07	1.03	0.8	7.5	3.7	0.31	0.40	1
78.0	0.12	0.04	0.05	1.08	2.7	3.4	7.5	0.41	0.59	7
0.0	0.00	0.01	0.00	0.14	0.0	0.4	0.6	0.06	0.15	0
0.0	0.00	0.02	0.01	0.25	0.0	0.6	0.7	0.07	0.27	0
0.0	0.00	0.00	0.00	0.04	0.0	0.1	0.1	0.01	0.05	0
0.0	0.00	0.00	0.00	0.01	0.0	0.0	0.0	0.00	0.02	0
0.0	0.00	0.00	0.00	0.01	0.0	0.0	0.0	0.00	0.01	0
0.0	1.05	0.07	0.02	0.57	0.0	5.4	4.4	0.57	0.64	169
59.5	0.56	0.06	0.03	0.37	7.5	46.2	22.5	0.79	0.61	203
2.1	0.00	0.01	0.01	0.14	1.4	5.5	6.3	0.07	0.11	1

군	식품명	식품중량	에너지 (kcal)	단백질 (g)	지방 (g)	탄수화물 (kcal)
채소	가지나물	조리전 가식부 35	14	0.4	0.8	1.5
채소	근대 생것	가식부 35	6	0.8	0.1	0.8
채소	김구이	조리전가식부 1	7	0.4	0.5	0.4
채소	김치,배추김치	35	6	0.7	0.2	0.9
채소	김치전	46	97	2.5	3.4	15.6
채소	느타리버섯, 생것	가식부 35	9	0.9	0.1	1.6
채소	느타리버섯무침	조리전 가식부 35	15	1.0	0.8	1.7
채소	당근,통째,채	가식부 35	12	0.4	0.1	2.7
채소	무, 채썬 것	가식부 35	6	0.3	0.0	1.3
채소	무나물	조리전 가식부 35	30	0.4	2.6	1.5
채소	미역,불린것	가식부 35	6	0.7	0.1	1.0
채소	미역국	100ml	22	2.1	1.1	1.0
채소	브로컬리	가식부 35	10	1.8	0.1	1.3
채소	상추	가식부 18	3	0.2	0.1	0.6
채소	숙주나물무침	조리전 가식부 35	13	1.0	0.8	0.8
채소	시금치,생것	가식부 35	11	1.1	0.2	1.8
채소	시금치된장국	100ml	9	0.9	0.2	1.2
채소	시금치무침	조리전 가식부 35	17	1.2	0.8	2.0
채소	아욱 생것	가식부 25	5	0.9	0.2	0.4
채소	양송이생것	가식부 35	6	1.4	0.1	0.5
채소	양파	가식부 25	9	0.3	0.1	2.0
채소	양파볶음	가식부 25	30	0.4	2.3	2.3
채소	오이	가식부 35	3	0.3	0.0	0.6
채소	오이무침	조리전 가식부 35	12	0.4	0.4	2.0
채소	콩나물,생것	가식부 35	11	1.8	0.5	0.6
채소	콩나물국	100ml	5	0.9	0.2	0.3
채소	팽이버섯,생것	가식부 35	11	1.0	0.1	2.2

비타민 A (μg RE)	비타민 E (mg)	비타민 B1 (mg)	비타민 B2 (mg)	나이아신 (mg)	비타민 C (mg)	엽산 (μg)	칼슘 (mg)	철분 (mg)	아연 (mg)	나트륨 (mg)
4.5	0.18	0.02	0.01	0.18	1.9	5.9	14.1	0.19	0.13	151
177.8	0.70	0.02	0.05	0.18	5.6	4.8	30.5	0.84	0.18	53
37.5	0.56	0.01	0.03	0.10	0.9	13.7	3.5	0.18	0.05	181
16.8	0.00	0.02	0.02	0.28	4.9	16.1	16.5	0.28	0.06	401
11.5	3.09	0.06	0.02	0.41	3.4	16.2	15.1	0.35	0.18	276
0.0	0.00	0.13	0.11	1.82	1.1	4.9	1.1	0.42	0.22	1
0.0	0.15	0.14	0.11	1.84	1.1	5.3	5.6	0.46	0.27	1
440.0	0.00	0.02	0.01	0.28	2.1	2.8	13.3	0.25	0.05	10
2.8	0.00	0.01	0.01	0.14	5.3	2.8	9.1	0.25	0.04	5
5.2	2.22	0.01	0.01	0.16	5.8	3.2	12.1	0.28	0.06	176
81.6	0.35	0.02	0.06	0.42	5.6	51.2	32.2	0.53	0.04	288
2.6	0.24	0.01	0.04	0.59	0.5	21.9	19.8	0.35	0.29	340
44.8	1.75	0.04	0.09	0.39	34.3	130.1	22.4	0.53	0.07	4
65.7	0.00	0.01	0.01	0.07	3.4	16.0	10.1	0.38	0.04	1
3.8	0.18	0.02	0.02	0.21	4.1	2.6	13.2	0.33	0.09	151
212.5	1.05	0.04	0.12	0.18	21.0	51.0	14.0	0.91	0.18	19
92.3	0.49	0.02	0.05	0.16	9.2	22.7	13.7	0.45	0.10	85
212.5	1.21	0.04	0.12	0.19	21.0	51.1	16.7	0.95	0.19	160
285.8	0.25	0.03	0.05	0.23	12.0	27.3	23.5	0.50	0.14	9
0.0	0.00	0.04	0.17	1.44	1.1	8.1	2.1	0.35	0.28	1
0.0	0.00	0.01	0.00	0.05	2.0	3.8	3.8	0.08	0.05	1
50.3	2.07	0.01	0.01	0.10	2.2	4.6	10.0	0.15	0.10	137
8.4	0.00	0.01	0.01	0.07	3.5	2.1	7.0	0.11	0.07	2
10.1	0.08	0.02	0.02	0.10	4.4	3.5	11.8	0.18	0.10	143
0.0	0.35	0.03	0.04	0.25	2.8	2.2	10.9	0.21	0.17	1
1.1	0.15	0.01	0.01	0.15	1.0	1.1	15.2	0.12	0.08	149
0.0	0.00	0.10	0.07	1.96	4.2	16.5	0.7	0.35	0.12	1

군	식품명	식품중량	에너지 (kcal)	단백질 (g)	지방 (g)	탄수화물 (kcal)
채소	팽이버섯무침	조리전 가식부 35	18	1.1	0.8	2.3
채소	표고버섯,생것	가식부 25	7	0.5	0.1	1.4
채소	표고버섯볶음	조리전 가식부 25	29	0.6	2.2	1.4
채소	호박,단호박	가식부 20	6	0.3	0.0	1.3
채소	호박,생것	가식부 35	13	0.4	0.1	3.3
채소	호박전	조리전 가식부 35	81	3.1	5.1	6.5
과일	감	가식부 40	18	0.2	0.0	4.6
과일	귤	가식부 50	19	0.4	0.1	4.7
과일	귤조각	가식부 50	19	0.4	0.1	4.7
과일	딸기	가식부 75	20	0.6	0.1	4.7
과일	멜론	가식부 60	23	0.8	0.1	5.5
과일	바나나	가식부 120	112	1.4	0.2	28.9
과일	배	가식부 50	20	0.2	0.1	5.2
과일	복숭아(천도)	가식부 200	66	2.4	0.4	15.2
과일	복숭아통조림	50	30	0.2	0.1	8.0
과일	사과	가식부 50	29	0.2	0.1	7.7
과일	수박	가식부 125	39	1.3	0.4	9.4
과일	자두	가식부 80	27	0.7	0.2	6.7
과일	쥬스,맑은 쥬스	120ml	56	0.2	0.1	13.9
과일	쥬스,오렌지쥬스	100ml	42	0.7	0.2	10.5
과일	참외	가식부 60	19	0.6	0.1	4.4
과일	체리토마토	가식부 125	18	1.1	0.1	3.6
과일	키위	가식부 50	27	0.5	0.3	6.6
과일	토마토	가식부 125	18	1.1	0.1	3.6
과일	파인애플	가식부 50	12	0.2	0.1	3.0
과일	포도(거봉)	가식부 100	56	0.5	0.1	14.9
과일	포도(켐벨)	가식부 100	60	0.4	0.8	14.1

비타민 A (μg RE)	비타민 E (mg)	비타민 B1 (mg)	비타민 B2 (mg)	나이아신 (mg)	비타민 C (mg)	엽산 (μg)	칼슘 (mg)	철분 (mg)	아연 (mg)	나트륨 (mg)
0.0	0.15	0.10	0.07	1.98	4.2	16.8	5.3	0.39	0.16	1
0.0	0.00	0.02	0.06	1.00	0.0	11.8	1.5	0.15	0.07	1
0.0	1.49	0.02	0.05	0.97	1.3	11.8	4.7	0.36	0.08	10
38.2	0.40	0.01	0.01	0.18	3.8	1.9	4.4	0.08	0.03	1
9.5	0.70	0.03	0.01	0.18	12.3	3.3	6.7	0.11	0.05	1
37.5	3.98	0.05	0.06	0.24	12.3	5.3	16.3	0.46	0.24	359
9.2	0.00	0.01	0.01	0.12	20.0	1.3	3.2	0.12	0.04	1
2.5	0.00	0.06	0.01	0.15	27.0	2.5	7.0	0.20	0.12	3
2.5	0.00	0.06	0.01	0.15	27.0	2.5	7.0	0.20	0.12	3
1.5	0.00	0.02	0.02	0.23	61.5	12.4	9.8	0.30	0.11	2
1.8	0.00	0.05	0.02	0.48	13.2	9.5	4.2	0.30	0.04	8
2.4	0.00	0.05	0.04	0.60	12.0	11.6	4.8	0.84	0.24	2
0.0	0.00	0.01	0.01	0.05	2.0	3.2	1.0	0.10	0.06	2
4.0	2.00	0.04	0.04	1.00	12.0	6.4	12.0	1.00	0.28	4
8.5	0.50	0.01	0.01	0.20	0.0	1.6	2.0	0.10	0.05	3
1.5	0.00	0.01	0.01	0.05	2.0	0.2	1.5	0.15	0.02	2
32.5	0.00	0.06	0.01	0.25	7.5	19.8	7.5	0.38	0.09	4
4.0	0.80	0.02	0.02	0.32	3.2	1.8	4.8	0.36	0.08	2
4.6	0.00	0.02	0.02	0.24	76.8	8.0	9.2	0.41	0.04	5
12.0	1.00	0.09	0.03	0.50	40.0	30.3	11.0	0.20	0.05	2
0.0	0.00	0.02	0.01	0.60	13.2	9.5	3.6	0.18	0.26	4
301.3	0.00	0.05	0.01	0.75	26.3	16.6	17.5	0.50	0.25	6
4.0	0.50	0.00	0.01	0.15	13.5	19.0	15.0	0.15	0.07	2
112.5	0.00	0.05	0.01	0.75	13.8	16.6	11.3	0.38	0.25	6
0.0	0.00	0.06	0.01	0.10	7.5	3.0	5.0	0.20	0.04	3
3.0	1.00	0.03	0.01	0.20	2.0	6.4	6.0	0.40	0.05	5
0.0	0.00	0.40	0.25	0.30	5.0	4.0	12.0	0.20	0.10	1

군	식품명	식품중량	에너지 (kcal)	단백질 (g)	지방 (g)	탄수화물 (kcal)
어육류	고기,닭고기살	가식부 20	22	4.6	0.2	0.0
어육류	고기,닭튀김	34	53	5.1	2.5	2.4
어육류	고기,돈까스	32	94	5.6	5.9	4.6
어육류	고기,불고기	조리전 가식부 쇠고기 20	50	4.5	2.0	3.5
어육류	고기,쇠고기생것	가식부 20	44	4.2	2.8	0.0
어육류	고기,쇠고기수육	가식부 20	27	4.9	12.7	0.0
어육류	고기,완자전	조리전 가식부 소고기 20	104	6.3	6.9	4.0
어육류	난류,계란말이	조리전 가식부 27.5	55	6.7	6.8	0.9
어육류	난류,계란스크램블	조리전 가식부 55	113	7.0	9.1	0.6
어육류	난류,달걀찜	조리전 가식부 27.5	43	3.5	3.0	0.3
어육류	난류,메추리알	20	34	2.5	2.4	0.3
어육류	두류,두부	가식부 40	32	3.4	1.4	1.2
어육류	두류,콩	가식부 10	41	3.5	1.6	3.2
어육류	두류,콩자반	조리전 가식부 콩 10	50	3.7	1.7	5.3
어육류	새우말린것	가식부 7.5	22	4.3	0.3	0.3
어육류	생선,가자미구이	조리전 가식부 25	32	5.5	0.9	0.1
어육류	생선,갈치구이	조리전 가식부 25	36	4.5	1.9	0.0
어육류	생선,고등어구이	조리전 가식부 25	68	4.9	5.2	0.1
어육류	생선,꽁치구이	조리전 가식부 25	66	5.1	4.9	0.0
어육류	생선,멸치마른것	가식부 7.5	18	3.3	0.4	0.0
어육류	생선,멸치볶음	가식부 25	34	3.5	1.3	1.9
어육류	생선,북어포	가식부 7.5	26	5.6	0.3	0.0
어육류	생선,삼치구이	조리전 가식부 25	45	4.8	2.7	0.0
어육류	생선,생선전	조리전 가식부 동태살 25	63	4.9	3.7	2.3
어육류	생선,조기구이	조리전 가식부 25	35	4.8	1.6	0.0
어육류	생선,참치통조림	25	58	4.9	4.1	0.0
어육류	어묵	25	25	2.6	0.2	3.1

비타민 A (μg RE)	비타민 E (mg)	비타민 B1 (mg)	비타민 B2 (mg)	나이아신 (mg)	비타민 C (mg)	엽산 (μg)	칼슘 (mg)	철분 (mg)	아연 (mg)	나트륨 (mg)
8.0	0.00	0.01	0.02	2.24	0.0	0.8	0.6	0.36	0.16	13
4.2	2.08	0.02	0.02	2.27	0.2	1.7	5.2	0.23	0.20	112
8.8	2.12	0.13	0.05	1.22	0.4	3.1	5.8	0.48	0.47	303
2.7	0.13	0.03	0.05	1.13	1.8	3.5	6.5	0.65	0.41	150
2.4	0.00	0.01	0.04	1.18	0.2	0.7	2.2	0.48	0.56	11
2.4	0.00	0.02	0.04	1.06	0.4	1.1	1.6	0.46	0.87	11
78.3	3.26	0.04	0.06	1.36	2.0	5.8	27.9	1.00	0.76	189
94.0	1.37	0.03	0.08	0.08	1.3	2.0	27.0	0.98	0.26	204
85.8	3.65	0.06	0.14	0.06	2.8	26.3	0.99	0.50	405
42.9	0.28	0.03	0.07	0.03	0.0	1.3	12.9	0.50	0.25	35
86.4	0.20	0.02	0.08	0.02	0.0	13.3	14.4	0.96	0.38	31
0.0	0.40	0.02	0.02	0.28	0.0	6.0	63.6	1.04	0.32	4
0.0	0.10	0.03	0.02	0.22	0.0	12.7	22.0	0.86	0.27	1
0.0	0.13	0.03	0.03	0.26	0.0	13.3	22.0	0.94	0.29	165
0.0	0.30	0.01	0.01	0.43	0.0	0.7	157.5	0.27	0.52	51
2.0	0.25	0.05	0.07	1.08	0.5	1.3	10.0	0.18	0.12	58
6.0	0.25	0.03	0.03	0.78	0.3	1.6	4.0	0.13	0.09	35
5.8	0.50	0.03	0.12	1.88	0.3	1.5	6.0	0.30	0.19	16
5.3	0.50	0.01	0.08	1.78	0.3	1.6	11.0	0.38	0.19	24
0.0	0.45	0.01	0.01	0.52	0.0	2.4	68.5	0.50	0.10	244
0.0	0.69	0.01	0.01	0.54	0.1	2.8	71.3	0.56	0.13	302
0.0	0.30	0.02	0.02	0.44	0.0	0.9	18.2	0.19	0.03	57
12.3	0.50	0.02	0.06	1.15	0.0	0.3	7.9	0.26	0.12	27
10.1	3.39	0.04	0.03	0.31	0.0	1.9	15.1	0.17	0.14	193
3.8	0.25	0.02	0.06	0.25	0.3	3.8	9.0	0.23	0.06	93
0.0	0.25	0.02	0.02	2.53	0.0	0.3	1.5	0.28	0.15	86
0.0	0.25	0.00	0.01	0.05	0.0	0.5	10.5	0.23	0.11	171

군	식품명	식품중량	에너지 (kcal)	단백질 (g)	지방 (g)	탄수화물 (kcal)
어육류	오징어숙회	조리전 가식부 25	22	6.4	0.4	0.0
어육류	찌게(국),동태찌개	100ml	49	7.1	1.2	2.2
어육류	찌게(국),,두부된장국	100ml	33	3.1	1.1	2.5
어육류	찌게(국),북어국	100ml	32	4.3	1.4	0.4
어육류	찌게(국),사골국	100ml	53	2.2	0.9	8.7
어육류	찌게(국),쇠고기무국	100ml	24	2.3	0.8	2.0
어육류	찌게(국),순두부찌개	100ml	77	6.6	5.3	1.4
어육류	치즈	18	59	3.4	5.0	0.2
우유	두유1	200ml	150	5.0	6.0	16.0
우유	두유2	180ml	125	4.0	6.0	14.0
우유	발효유,떠먹는형태1	100ml	116	4.0	2.0	20.0
우유	발효유,떠먹는형태2	100ml	99	3.2	2.7	16.0
우유	발효유,마시는형태1	65ml	45	1.0	0.0	11.0
우유	발효유,마시는형태2	80ml	64	1.6	0.0	14.4
우유	발효유,마시는형태-농후	150ml	158	6.0	4.5	24.0
우유	우유	185ml	117	5.7	6.3	8.9
우유	엄마젖	100ml	70	0.9	4.1	7.3
우유	조제유	100ml	70	2.2	3.5	7.4
핑거푸드	고구마조각	25	32	0.4	0.1	7.6
핑거푸드	당근조각	조리전 가식부 17	6	0.2	0.0	1.3
핑거푸드	애호박조각	조리전 가식부 17	6	0.2	0.0	1.6
핑거푸드	두부조각	40	32	3.4	1.4	1.2
핑거푸드	밥,당근밥	21	33	0.6	0.5	6.3
핑거푸드	밥,불고기밥	21	48	3.1	1.7	5.8
핑거푸드	밥,브로컬리밥	21	32	0.8	0.6	6.0
핑거푸드	치즈조각	15	50	2.9	4.2	0.2
핑거푸드	토스트조각	23	64	2.1	1.3	10.8

비타민 A (μg RE)	비타민 E (mg)	비타민 B1 (mg)	비타민 B2 (mg)	나이아신 (mg)	비타민 C (mg)	엽산 (μg)	칼슘 (mg)	철분 (mg)	아연 (mg)	나트륨 (mg)
0.0	0.75	0.01	0.01	0.68	0.0	3.1	6.0	0.11	0.33	71
30.5	0.51	0.06	0.06	0.74	4.4	8.4	51.0	0.91	0.29	341
4.0	0.42	0.02	0.02	0.41	2.9	7.0	62.5	0.87	0.28	124
9.8	0.42	0.02	0.03	0.31	0.4	2.4	32.0	0.42	0.14	388
2.5	0.00	0.01	0.02	0.52	0.6	0.7	6.6	0.55	0.28	107
13.0	0.02	0.02	0.03	0.64	7.5	4.7	14.3	0.55	0.25	150
50.0	0.81	0.09	0.08	0.87	2.2	14.6	39.2	0.98	0.52	376
42.8	0.18	0.01	0.05	0.02	0.0	5.6	180.0	0.05	0.58	162
144.0	0.00	0.12	0.14	1.20	16.0	3.0	100.0	3.00	0.46	60
140.0		0.12	0.18	1.30	14.8		167.0	2.00		
31.9	0.00	0.07	0.12	0.22	0.0	3.2	110.0	0.10	1.07	61
29.0	0.00	0.06	0.11	0.20	0.0	12.0	105.0	0.10	0.97	53
0.0	0.00	0.01	0.08	0.00	0.0	6.8	27.3	0.07	0.47	10
0.0	0.00	0.01	0.10	0.00	14.4	8.4	34.4	0.08	0.58	50
0.0	0.00	0.02	0.18	0.00	0.0	15.8	58.5	0.15	1.08	90
51.8	0.00	0.07	0.26	0.19	1.9	9.3	194.3	0.19	0.74	93
133-177	0.48	0.02	0.03	0.18	5.2	0.0	29.4	0.02	0.15	11
224.0	0.80	0.06	0.10	0.70	7.0	0.0	78.0	1.00	0.40	22
4.8	0.25	0.02	0.01	0.18	6.3	13.0	6.0	0.13	0.07	4
213.7	0.00	0.01	0.01	0.14	1.0	1.4	6.5	0.12	0.03	5
4.6	0.34	0.01	0.01	0.09	6.0	1.6	3.2	0.05	0.02	0
0.0	0.40	0.02	0.02	0.28	0.0	6.0	63.6	1.04	0.32	4
88.0	0.15	0.01	0.01	0.16	0.4	0.8	3.7	0.15	0.13	2
0.7	0.29	0.02	0.02	0.53	0.2	0.6	3.8	0.29	0.26	5
9.0	0.50	0.02	0.02	0.18	6.9	26.3	5.5	0.20	0.13	1
35.7	0.15	0.01	0.05	0.02	0.0	4.7	150.0	0.05	0.48	135
0.5	0.46	0.02	0.01	0.25	0.0	6.9	6.4	0.21	0.17	61

가지나물	가지 35g, 파 2g, 참기름 0.5g, 깨소금 0.5g, 마늘 0.4g, 소금 0.4g
감자채볶음	감자 65g, 양파 14g, 식용유 5g, 파 2g, 마늘 0.6g, 소금 1.2g
감자튀김 33g	감자 33g, 식용유 5g, 소금 1g
계란스크램블 46g	계란 55g, 식용유 3g, 소금 1g
계란말이 25g	계란 25g, 애호박 3g, 당근 4g, 식용유 1g, 소금 0.5g
국수장국 100ml	국수 마른 것 15g, 애호박 10g, 계란 5g, 양파 2g, 멸치 1.5g, 대파 1.3g, 소금 0.5g, 재래간장 0.5g, 마늘 0.4g
김구이	김 1g, 소금 0.5g, 식용유 0.5g
김밥 40g	쌀 15g, 돼지고기 4g, 단무지 3g, 계란 5g, 당근 3g, 시금치 3g, 우엉 2g, 오이 3g, 식용유 1g, 왜간장 0.6g, 참기름 0.5g, 김 0.5g, 소금 0.1g
김치전 45g	배추김치 24g, 밀가루 20g, 식용유 3g
꼬마김밥 25g	쌀 10g, 돼지고기 2g, 단무지 2g, 계란 3g, 당근 2g, 시금치 2g, 오이 2g, 식용유 0.6g, 왜간장 0.4g, 참기름 0.4g, 김 0.4g, 소금 0.1g
녹두빈대떡 45g	녹두가루 15g, 돼지고기 8g, 숙주나물 10g, 식용유 5g, 배추김치 4g, 파 4g, 고사리 삶은 것 4g
느타리버섯무침	느타리버섯 35g, 참기름 0.5g, 깨 0.4g
달걀찜	계란 25g, 물 25g
닭죽 100ml	쌀 15g, 닭가슴살 13g
닭튀김 34g	닭고기 가슴살 20g, 계란 2g, 튀김가루 3g, 식용유 2g, 소금 0.2g, 후추 0.2g
당근밥 21g	쌀 7.5g, 당근 7g, 참기름 0.5g
당근채 볶음	당근 35g, 식용유 3g
도토리묵 무침	도토리묵 100g, 왜간장 9g, 대파 3g, 참기름 1.5g, 마늘 0.8g, 참깨 0.8g

돈까스 32g	돼지고기 20g, 계란 5g, 빵가루 3g, 밀가루 3g, 식용유 2g, 소금 0.8g, 후추 0.1g
동태찌개 100ml	명태 25g, 무 24g, 두부 20g, 파 1.6g, 쑥갓 0.8g, 재래간장 1.6g, 마늘 0.5g, 소금 0.5g, 고추장 0.5g, 고춧가루 0.4g
두부된장국 100ml	두부 27g, 된장 2.5g, 양파 6g, 애호박 4g, 무 4g, 파 2g, 멸치 0.7g, 마늘 0.4g
떡국 100ml	가래떡 25g, 계란 5g, 쇠고기 양지 4g, 대파 1g, 마늘 0.2g, 김 0.1g, 소금 0.4g, 재래간장 0.8g, 참기름 0.2g
멸치볶음	멸치 7.5g, 물엿 1.5g, 왜간장 1g, 참기름 0.8g, 마늘 0.6g, 설탕 0.5g, 깨 0.2g
무나물	무 35g, 파 2g, 참기름 0.5g, 깨소금 0.1g, 마늘 0.3g, 소금 0.5g, 식용유 2g
물만두 53g	밀가루 강력분 10g, 두부 10g, 돼지고기 등심 8g, 숙주나물 7g, 계란 5g, 대파 2g, 재래간장 1g, 참기름 0.4g, 마늘 0.3g, 소금 0.1g
미역국 100ml	쇠고기 8g, 미역 말린 것 2g, 재래간장 1.3g, 소금 0.4g, 마늘 0.4g, 참기름 0.3g
버섯죽 100ml	쌀 20g, 표고버섯 10g, 양송이버섯 9g
북어국 100ml	북어 4g, 두부 8g, 계란 5g, 파 1.7g, 소금 1g, 마늘 0.4g, 참기름 0.4g, 재래간장 0.2g
불고기	쇠고기 20g, 배 10g, 양파 10g, 왜간장 2.3g, 물엿 1g, 파 0.8g, 설탕 0.6g, 마늘 0.3g, 참기름 0.3g, 깨소금 0.1g, 후추 0.1g
불고기밥 21g	쌀 15g, 쇠고기 4g, 참기름 1g
브로컬리밥 21g	쌀 7.5g, 브로컬리 7g, 참기름 0.5g

사골국 100ml	쇠고기 양지 10g, 당면 10g, 무 2g, 대파 0.5g, 소금 0.3g, 마늘 0.1g
생선전 35g	동태살 25g, 계란 5g, 식용유 3g, 밀가루 3g, 소금 0.4g
쇠고기볶음밥 70g	쌀 15g, 쇠고기 10g, 양송이버섯 8g, 애호박 8g, 당근 8g, 콩기름 1g, 참기름 0.5g
쇠고기무국 100ml	쇠고기 8g, 무 47g, 재래간장 1g, 파 1g, 마늘 0.3g, 소금 0.2g, 고춧가루 0.2g
쇠고기야채죽 100ml	쌀 20g, 쇠고기 8g, 호박 6g, 당근 6g, 버섯 6g
쇠고기완자전	쇠고기 20g, 두부 10g, 양파 10g, 당근 5g, 계란 6g, 식용유 3g, 파 3g, 밀가루 3g, 소금 0.5g, 후추 0.2g
수제비 100ml	밀가루 15g, 감자 22g, 호박 10g, 파 2g, 재래간장 0.8g, 멸치 0.6g, 마늘 0.4g, 소금 0.3g
숙주나물무침	숙주나물 35g, 파 2g, 마늘 1g, 참기름 0.5g, 깨소금 0.5g, 소금 0.4g
순두부찌개 100ml	순두부 50g, 계란 14g, 배추김치 10g, 돼지고기 10g, 파 2.5g, 소금 0.7g, 고춧가루 0.6g, 마늘 0.5g, 참기름 0.4g
시금치 나물	시금치 35g, 마늘 0.5g, 소금 0.4g, 참기름 0.5g, 깨소금 0.2g
시금치된장국 100ml	시금치 15g, 된장 1.7g, 파 1g. 멸치 0.3g, 마늘 0.3g
쌀죽 100ml	쌀 18g(불린 쌀 22g), 물 132g
쌀미음 100ml	쌀 10g(불린 쌀 12g), 물 120g
양파볶음	양파 25g, 당근 4g, 식용유 2g, 깨 0.4g, 소금 0.4g
오이무침	오이 35g, 양파 7g, 파 1.4g, 식초 1.2g, 설탕 0.7g, 소금 0.4g, 마늘 0.3g, 깨소금 0.2g, 참기름 0.2g
자장면 100ml	중국국수 생것 45g, 짜장 9g, 양파 5g, 애호박 7g, 돼지고기 등심 8g, 오이 2g, 전분 3g, 콩기름 3g, 대파 1.5g, 마늘 0.6g, 생강 0.6g, 설탕 0.3g

잣죽 100ml	쌀 20g, 잣 말린 것 8g, 소금 0.5g
청포묵 무침	청포묵 50g, 김 0.5g, 파 0.6g, 깨 0.3g, 참기름 0.5g, 소금 0.1g
칼국수 100ml	칼국수 생 것 45g, 호박 30g, 계란 13g, 멸치 4g, 파 5g, 재래간장 1.6g, 마늘 1.3g, 소금 1g
콩나물국 100ml	콩나물 10g, 파 1g, 멸치 0.6g, 소금 0.4g, 마늘 0.3g
콩자반	검정콩 10g, 왜간장 2.8g, 물엿 1.8g, 설탕 0.6g, 깨 0.1g
팽이버섯무침	팽이버섯 35g, 참기름 0.5g, 깨 0.4g
표고버섯볶음	표고버섯 25g, 식용유 1.2g, 참기름 0.8g, 깨소금 0.3g
호박전 100ml	애호박 35g, 계란 18g, 밀가루 4g, 식용유 3g, 소금 1g
호박죽 112g	늙은 호박 생것 50g, 찹쌀가루 15g, 설탕 2g, 붉은 팥 5g, 소금 0.6g

실물크기 식품사진을 활용한
우리아이 영양체크

우리아이 무엇을 얼마나 먹일까?

1판 1쇄 찍은날 2005년 7월 1일   **1판 1쇄 펴낸날** 2005년 7월 7일
펴낸이 정종호   **주간** 김장환   **편집** 서인찬 이선희 김성은 오세은 김준우
디자인 이금미   **마케팅** 김대현 천정한   **제작·관리** 문경아   **인쇄·제본** 한영문화사

펴낸곳 이끼북스   **등록** 1998년 12월 8일 제22-1469호
주소 121-841 서울시 마포구 서교동 465-11 동진빌딩 301호
이메일 blue21@kornet.net   **전화** 02-3143-4006~4008   **팩스** 02-3143-4003

ISBN 89-953710-4-8   03590
잘못된 책은 바꾸어 드립니다. 값은 뒤표지에 있습니다.